21 世纪普通高等教育精品规划教材

流体力学简明教程

A CONCISE COURSE IN FLUID MECHANICS

（第 2 版）

禹华谦　罗忠贤　编著

U0218264

天津大学出版社
TIANJIN UNIVERSITY PRESS

内 容 提 要

本书是根据教育部高等学校力学课程指导委员会制定的土建类专业流体力学课程教学基本要求,并考虑中少学时课程计划对流体力学的需求编写的。书中系统地阐述了流体力学的基本概念、基本理论和基本工程应用。全书共分9章,内容包括绪论、流体静力学、流体动力学基础、流动阻力与水头损失、有压管道恒定流动、明渠恒定流动、堰流、渗流、量纲分析与相似理论。各章均编有一定数量的例题和习题,其中习题按单项选择题和计算分析题两部分配设,为便于使用,书末附有习题答案。

本书可作为高等学校土建类或近土建类的土木工程、市政工程、环境工程、消防工程、地质工程、工程管理等本科、专科(包括自学考试、成人教育和网络教育)的教材或教学参考书。

图书在版编目(CIP)数据

流体力学简明教程/禹华谦,罗忠贤编著. —天津:天津大学出版社,2010.1(2024.9重印)

21世纪普通高等教育精品规划教材

ISBN 978-7-5618-3283-7

Ⅰ. ①流… Ⅱ. ①禹… ②罗… Ⅲ. ①流体力学 – 高等学校 – 教材 Ⅳ. ①O35

中国版本图书馆 CIP 数据核字(2009)第 212237 号

出版发行	天津大学出版社
地　　址	天津市卫津路 92 号天津大学内(邮编:300072)
电　　话	发行部:022-27403647
网　　址	publish.tju.edu.cn
印　　刷	天津泰宇印务有限公司
经　　销	全国各地新华书店
开　　本	185mm×260mm
印　　张	9.25
字　　数	231 千
版　　次	2010 年 1 月第 1 版　2019 年 8 月第 2 版
印　　次	2024 年 9 月第 6 次
定　　价	30.00 元

第 2 版前言

本书作为"21 世纪普通高等教育精品规划教材"之一,自 2010 年 1 月出版以来,被国内多所高等院校土建类专业广泛选作流体力学或水力学课程教材。现根据学科发展、编者教学实践心得及读者建议等对教材进行修订再版。

本次修订仍保持初版的章节、顺序及理论够用、难度适中、简明适用等主要特色,但对部分内容作了调整,部分例题和习题作了精选,为与国内外同类教材一致,部分物理量符号作了更改,为便于阅读,新增了教材所用物理量符号表,并对原书进行了勘误。除此之外,考虑到随着高新技术特别是数字化和网络技术的发展,增加了与教材配套的数字课程资源内容(电子课件及部分难题详解),以期新版教材更能适应教学的需要。

本书可作为高等学校土建类和近土建类各专业的本科、专科的流体力学或水力学课程教材,也可作为其他相近专业以及国家注册工程师执业资格考试的参考书。

本次修订由西南交通大学禹华谦(第 1、3、4、6、7、8 章)和罗忠贤(第 2、5、9 章)完成。

由于编者水平所限,书中难免会有疏漏和不足之处,敬请读者批评指正。作者邮箱:hqyu@163.com。

编者

主要符号表

本表包括各章通用的主要符号的意义,其他局部使用的符号则在出现时说明。

1. 英文字符号

a	加速度;墩形因素
A	面积
b	渠道底宽;桥梁孔径
B	渠道液面宽度;桥梁标准孔径
C	常数;谢齐系数
C_D	绕流阻力因数
d	管径
D	管径
e	断面单位能量(断面比能)
E	单位重量流体的机械能;弹性模量
Eu	欧拉数
f	单位质量力
f_x, f_y, f_z	单位质量力在 x, y, z 坐标方向的分量
F	力
F_D	绕流阻力
Fr	弗劳德数
g	重力加速度
G	重力
h	水深;高度;液柱高度
h_0	正常水深(均匀流水深)
h_c	临界水深
h_f	沿程水头损失
h_j	局部水头损失
h_w	总水头损失
h_v	真空高度(真空度)
H	高度;水深;总水头;水泵扬程;含水层厚度
H_0	作用水头
i	渠道底坡

i_c	临界坡度
J	水力坡度
J_p	测压管水头线坡度
k	渗流系数
K	体积弹性模量;流量模数
l	长度;普兰特混合长度
L	长度;集水廊道影响距离
m	边坡系数;流量系数
M	质量
n	粗糙系数(糙率);转速;迭代循环次数
N	功率
N_e	有效功率(输出功率)
N_x	轴功率(输入功率)
p	压强;相对压强;堰高
p_a	大气压强
p'	绝对压强;堰高
p_v	真空压强(真空值)
q	单宽流量
Q	流量
r	半径
r_0	井的半径
R	水力半径;阻抗;井的影响半径
Re	雷诺数
s	沿流程坐标
S	距离;比阻;井的水位降深
t	时间;摄氏温度;承压含水层厚度
u	点流速
u_*	剪切速度
u_{max}	过流断面上最大流速;管轴线上的流速
U	速度
v	断面平均流速
V	体积
V_P	压力体体积
x,y,z	笛卡尔坐标
y_C	形心坐标
y_D	压力中心坐标

| z | 位置水头 |
| z_b | 渠底高程 |

2. 希腊字符号

α	角度;动能修正系数;充满度
β	动量修正系数
β_h	水力最优断面宽深比
χ	湿周
δ	边界层厚度;堰顶厚度
δ_l	黏性底层厚度
Δ	堰下游水位高出堰顶高度
ε	侧向收缩系数
φ	流速系数
η	效率
κ	体积压缩系数
λ	沿程阻力系数
μ	动力黏度;流量系数
υ	运动黏度
π	圆周率
θ	角度
ρ	密度
σ	表面张力系数;淹没系数
τ	切应力
τ_w	切壁切应力
ψ	垂向收缩系数
ζ	局部阻力系数

目　　录

第1章 绪 论

1.1 流体及流体力学

1.1.1 流体

在常温常压下,自然界物质存在的主要形式是固体、液体和气体,其中液体和气体统称为流体。从形态上看,流体与固体的主要区别在于固体具有固定的形状,而流体则随容器而方圆。从力学分析的角度看,固体一般可承受拉、压、弯、剪、扭,而流体则几乎不能承受拉力,处于静止状态下的流体还不能抵抗剪力,即流体在很小剪力作用下将发生连续不断的变形。流体的这种宏观力学特性称为易流动性。易流动性既是流体命名的由来,也是流体区别于固体的根本标志。至于气体与液体的差别主要在于气体容易压缩,而液体难以压缩,液体能形成自由表面,而气体则不能。本书主要满足土建类和近土建类各专业的需要,探讨液体(也包括低速运动的气体)运动的力学规律。

1.1.2 流体力学的研究内容

流体力学是研究流体平衡和机械运动规律及其应用的一门科学,它是工程力学的一个分支学科。

流体力学是高等学校土建类各专业的一门重要的技术基础课,也是国家注册工程师执业资格考试的必考课程。流体力学主要内容构架如图1.1所示。

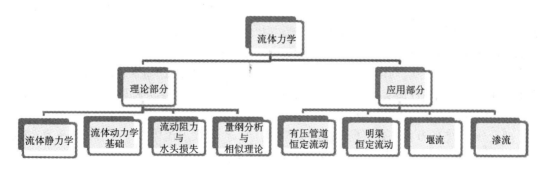

图1.1 流体力学课程内容

1.1.3　流体力学的发展简介

同其他自然科学一样,流体力学也是随着生产实践而发展起来的。早在几千年前,由于治河、农业、水利、航运、交通等工程的需要,人们便开始了解一些水流运动的规律。如相传 4 000多年前的大禹治水,"疏壅导滞"使滔滔洪水各归于河,表明我国古代进行过大规模的治河工程;先秦至秦朝在公元前 256—公元前 210 年间修建了都江堰、郑国渠、灵渠三大水利工程,隋朝在公元 587—公元 610 年间完成了南北大运河,说明当时对明渠水流和堰流已有一定的认识。又如距今已近 1 400 年而依然保持完好的赵州桥,在主拱圈两边各设有两个小腹拱,不但使桥式美观,而且还减轻了主拱的负载,且又利于泄洪,证明当时人们对桥涵流体力学已有相当高的认识。一般认为,流体力学萌芽于公元前 250 年著名希腊科学家阿基米德(Archimedes)所写《论浮体》,该文对静止液体的力学性质作了第一次科学总结。

16 世纪以后,随着资本主义制度兴起,生产力得到了迅速发展,属于自然科学的数学、力学也发生了质的飞跃,同时也为流体力学的发展提出了要求和创造了条件。18 世纪,在伽利略－牛顿力学基础上形成的古典流体力学(或称古典水动力学)用严格的数学分析方法建立了流体运动的基本方程,为流体力学奠定了理论基础。但古典流体力学或由于理论的假定与实际不尽相符,或由于求解上的困难,尚难以解决各种实际工程问题。为了满足生产发展的需要,基于实测或实验资料的实验流体力学(或称实验水力学)相应得到了发展,但实验流体力学由于理论指导不足,其成果往往具有一定局限性,难以解决各种复杂的工程问题。19 世纪末以来,随着生产技术的发展,尤其是航空方面的理论和实验的发展,导致了古典流体力学与实验流体力学的日益结合,逐步形成了理论与实验并重的现代流体力学(或称流体力学)。

近几十年来,流体力学学科随着现代生产建设的发展和科学技术的进步而不断发展,研究范围和服务领域越来越广,新的学科分支不断涌现,如现已派生出计算流体力学、工业流体力学、环境流体力学、生物流体力学等许多新的学科分支。

1.1.4　流体力学的研究方法

流体力学的研究方法一般有理论分析、实验分析和数值模拟三种。理论分析方法主要是根据工程实际中流动现象的特点和物质机械运动的普遍规律,建立流体动力学基本方程及定解条件,然后运用各种数学方法求出方程的解。由于流体流动的复杂性,有时仅用理论分析方法还难以解决实际问题,尚须应用实验分析方法,即通过对具体流动的观测来认识流体运动的规律。数值模拟也称数值实验,它采用数值分析技术将流体动力学方程离散化,用计算机求得定量描述流体运动规律的数值解。

理论分析、实验分析和数值模拟三种方法相互结合,为发展流体力学理论和解决复杂的流体力学问题奠定了基础。本书主要介绍理论分析和实验分析方法。

1.1.5　流体力学在土木工程中的应用

流体力学在土木工程中有着广泛的应用。在建筑、市政、交通等土建工程中,都必须解决一系列流体力学问题。如室内外给水排水及消防设计,地下工程通风及排水设计,建筑降水及防渗设计,城市防洪工程设计,桥涵孔径及消能防冲水力设计,站场及路基排水设计,铁路、公路隧道洞型设计等。

1.2 流体的连续介质模型

流体是由大量不断地做无规则热运动的分子所组成。从微观角度看,由于流体分子之间存有空隙,其物理量如密度、压强、流速等在空间上的分布是不连续的;同时,由于流体分子做随机热运动,导致物理量在时间上的变化也是不连续的。显然,以离散的分子研究流体的运动将是极其复杂的。

现代物理学研究表明,在标准状况下,每立方厘米液体含有约 3.3×10^{22} 个分子,相邻分子间距约 3.1×10^{-8} cm;每立方厘米气体含有约 2.7×10^{19} 个分子,相邻分子间距约 3.2×10^{-7} cm。可见,流体分子间的距离是相当微小的,即在很小的体积内包含了难以数计的分子。实际工程中所研究流体的空间尺度比流体分子尺寸大得多,而流体力学属于宏观力学,只研究外力作用下流体的机械运动特性,即大量分子运动的统计平均特性。基于前述原因,1753 年瑞士学者欧拉(L. Euler)提出了流体的连续介质假说,即认为流体是一种充满其空间毫无空隙的连续体。

将流体视为连续介质后,流体运动时的物理量均可视为空间坐标和时间变量的连续函数,这样就可充分利用数学中的连续函数分析方法研究流体流动问题。实践证明,采用流体连续介质模型,解决一般工程(包括土木工程)中的流体力学问题是完全可行的。

1.3 流体的主要物理性质

流体运动的规律,除与动力条件及边界几何条件等外部因素有关外,更重要的是取决于流体本身的物理性质。下面将讨论与流体运动有关的几个主要物理性质。

1.3.1 惯性

流体和固体一样,也具有惯性。质量是惯性大小的量度。单位体积所具有的质量称为密度,以符号 ρ 表示。对于均质流体,若体积为 V 的流体具有质量 M,则

$$\rho = \frac{M}{V} \tag{1-1}$$

密度的单位为 kg/m^3。密度也称体积质量。

流体的密度一般与流体的种类、压强和温度等有关。对于液体,密度基本不随压强和温度而变化,一般可视为常数。如在工程计算中,一般取淡水的密度为 $1\ 000\ kg/m^3$,水银的密度为 $13\ 600\ kg/m^3$。

淡水在一个大气压条件下,密度随温度的变化见表 1-1,几种常见流体的密度见表 1-2。

表 1-1　水的密度

温度(℃)	0	4	10	20	30	40	50	60	80	100
密度 (kg/m³)	999.87	1 000.0	999.73	998.23	995.67	992.24	988.07	983.24	971.83	958.38

表 1-2　几种常见流体的密度

流体名称	空气	水银	酒精	四氯化碳	汽油	海水
温度(℃)	20	20	15	20	15	15
密度(kg/m³)	1.20	13 550	799	1 590	700 ~ 750	1 020 ~ 1 030

1.3.2　黏滞性

流体在运动状态下具有抵抗剪切变形能力的性质,称为黏滞性或简称黏性。黏性是流体的固有属性,是运动流体产生机械能损失的根源。

现用牛顿(I. Newton)平板实验说明流体的黏性。

设面积为 A 的两平行平板相距 h,其间充满了流体,下板固定不动,上板受拉力 T 的作用,以匀速 U 向右运动,如图 1.2(a)所示。由于流体质点黏附于板壁上,下板上的流体质点速度为零,而上板上的流体质点速度为 U。实验表明,当 h 或 U 不是太大时,两平板间沿板法线 y 方向流速与距下板的距离 y 呈线性关系,即

$$u = \frac{U}{h}y \tag{1-2}$$

且对大多数流体存在下列关系

$$T \propto A\frac{U}{h} \tag{1-3}$$

若引用一比例常数 μ,称为动力黏度,则黏附于上板流层的切应力

$$\tau = \frac{T}{A} = \mu\frac{U}{h} \tag{1-4}$$

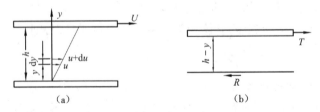

图 1.2　牛顿内摩擦平板实验

再研究任一流层上的切应力。在距下板 y 处作一平行于两板的平面,取上部流体为隔离体,如图 1.2(b)所示。由受力平衡条件得

$$R = T$$

由此可知,任一流层上的切应力均为 τ。

由图 1.2(b)可知,R 是下部流体对上部流体的阻力,其方向与 U 相反。根据牛顿第三定律,上部流体对下部流体的作用力也为 R,但方向与 U 相同。上下部流体在 y 平面上的这一对相互作用的剪力,即为黏滞力或摩擦力。由此可见,流体做相对运动时,必然在内部产生剪力以抵抗流体的相对运动,流体的这一特性即为黏性。

由于两平板间的流速分布呈线性关系,故有

$$\frac{\mathrm{d}u}{\mathrm{d}y} = \frac{U}{h}$$

因此式(1-4)可改写为

$$\tau = \mu \frac{\mathrm{d}u}{\mathrm{d}y} \tag{1-5}$$

上式即为著名的牛顿内摩擦定律。式中,$\mathrm{d}u/\mathrm{d}y$ 称为流速梯度,它表示流体微团的剪切变形速率(读者可自行证明)。

牛顿内摩擦定律仅适用于在温度不变条件下,动力黏度 μ 等于常数的一类流体。一般把符合牛顿内摩擦定律的流体称为牛顿流体,否则称为非牛顿流体。前者如水、汽油、酒精、空气、水银等,后者如血浆、新拌水泥砂浆、新拌混凝土、泥石流等。本书只讨论牛顿流体。

流体的黏性可用黏度 μ 度量。μ 值越大,流体抵抗剪切变形的能力就越大。μ 的量纲为 $\mathrm{ML^{-1}T^{-1}}$,国际单位为 $\mathrm{Pa \cdot s}$。黏度主要与流体种类和温度有关。对于液体,μ 值随着温度的升高而减小;对于气体,则反之。这是因为黏性是流体分子间的内聚力和分子随机热运动产生动量交换的结果。温度升高,分子间的内聚力降低,而动量交换加剧。对于液体,因其分子间距较小,内聚力是决定性因素,所以液体的黏性随着温度的升高而减小;对于气体,由于其分子间距较大,分子间随机热运动产生的动量交换是决定性因素,因此气体的黏性随着温度升高而增大。

另外,流体的黏性还可用动力黏度 μ 与密度 ρ 的比值 $\nu = \mu/\rho$ 表示,ν 称为运动黏度,其量纲为 $\mathrm{L^2T^{-1}}$,国际单位为 $\mathrm{m^2/s}$。水的运动黏度可用下列经验公式计算

$$\nu = \frac{0.017\,75}{1 + 0.033\,7t + 0.000\,221t^2} \quad \mathrm{cm^2/s} \tag{1-6}$$

式中,t 为水温,以 ℃ 计。其他流体的黏度可查阅相关流体力学手册。

实际流体都具有黏性,但考虑流体黏性后,将使流体运动的分析变得困难。在流体力学中,为了简化分析,有时对流体的黏性暂不考虑,从而引出忽略黏性的理想流体模型。按照理想流体模型得出的流体运动规律的结论,应用到实际流体运动时,必须对没有考虑黏性引起的偏差进行修正。

1.3.3 压缩性

流体的宏观体积随着压强的增大而减小的性质,称为流体的压缩性。压缩性的大小可用

体积压缩系数 κ 或体积弹性模量 K 度量。流体的体积压缩系数定义为

$$\kappa = - \frac{\mathrm{d}V/V}{\mathrm{d}p} \tag{1-7}$$

式中，$\mathrm{d}V/V$ 为相应于压强增量 $\mathrm{d}p$ 的体积变化率。由于 $\mathrm{d}V$ 与 $\mathrm{d}p$ 恒为异号，故上式右端加一负号，以使 κ 为正值。κ 值越大，流体的压缩性越大。κ 的国际单位为 $1/\mathrm{Pa}$。

体积弹性模量 K 定义为体积压缩系数 κ 的倒数，即

$$K = \frac{1}{\kappa} = - \frac{\mathrm{d}p}{\mathrm{d}V/V} \tag{1-8}$$

其国际单位为 Pa。

液体的压缩性很小。如 10℃ 时水的体积弹性模量 $K \approx 2 \times 10^9\ \mathrm{N/m^2}$，也就是说，每增加 1 个大气压，水的相对压缩值约为 1/20 000，所以，在一般工程设计中，认为水的压缩性可以忽略，其密度可视为常数。但在研究有压管道中的水击、水中爆炸波的传播问题时，水的压缩性则必须考虑。至于气体，当其流速远小于音速时，其压缩性在计算中一般也可以不予考虑。

实际流体都是可压缩的，但在可以忽略流体压缩性时，引出不可压缩流体模型，可使流体运动分析大为简化。

1.4　作用在流体上的力

在流体力学中，将作用在流体上的力按作用方式分成表面力和质量力两类。

1.4.1　表面力

作用在流体隔离体表面上的力，称为表面力。表面力大小与作用面积成正比，故表面力也称面积力。如作用在流体隔离体表面上的压力、固体边壁对流体的摩擦力等都属于表面力。

流体表面力的大小除用总作用力度量外，也常用单位面积上所受的表面力即应力度量。

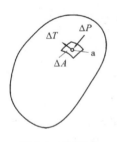

图 1.3　表面力

与作用面正交的应力称为压应力或压强，与作用面平行的应力称为切应力。

如图 1.3 所示，在流体隔离体表面上取包含 a 点的微小面积 ΔA，作用在 ΔA 上的法向力和切向力分别为 ΔP 和 ΔT，则 a 点处的压强 p 和切应力 τ 分别为

$$p = \lim_{\Delta A \to 0} \frac{\Delta P}{\Delta A} = \frac{\mathrm{d}P}{\mathrm{d}A} \tag{1-9}$$

$$\tau = \lim_{\Delta A \to 0} \frac{\Delta T}{\Delta A} = \frac{\mathrm{d}T}{\mathrm{d}A} \tag{1-10}$$

1.4.2　质量力

作用在流体隔离体内每个流体微团上，其大小与流体体积成正比的力称为质量力，故质量

力也称体积力。最常见的质量力是重力。另外,在非惯性坐标系中,质量力还包括惯性力。

流体质量力除用总作用力度量外,在流体力学中,还常用力度量。设质量为 M 的流体所受质量力为 F,则单位质量力

$$f = \frac{F}{M} \tag{1-11}$$

若质量力 F 在各坐标轴上的投影分别为 F_x、F_y、F_z,则单位质量力在各坐标轴上的分量

$$f_x = \frac{F_x}{M} \qquad f_y = \frac{F_y}{M} \qquad f_z = \frac{F_z}{M} \tag{1-12}$$

单位质量力的大小与流体种类无关,其量纲与加速度量纲相同,国际单位为 $\mathrm{m/s^2}$。

习　题

一、单项选择题

1. 理想流体是指忽略(　　)的流体。

A. 密度　　　　　　　B. 密度变化　　　　　　C. 黏度　　　　　　　D. 黏度变化

2. 不可压缩流体是指忽略(　　)的流体。

A. 密度　　　　　　　B. 密度变化　　　　　　C. 黏度　　　　　　　D. 黏度变化

3. 下列关于流体黏性的说法中,不正确的是(　　)。

A. 黏性是流体的固有属性

B. 流体的黏性具有传递运动和阻碍运动的双重性

C. 黏性是运动流体产生机械能损失的根源

D. 流体的黏性随着温度的增加而降低

4. 下列各组流体中,属于牛顿流体的是(　　)。

A. 水、汽油、酒精　　　　　　　　　　　B. 水、新拌混凝土、新拌建筑砂浆

C. 泥石流、泥浆、血浆　　　　　　　　　D. 水、水石流、天然气

5. 下列各组力中,属于质量力的是(　　)。

A. 压力、摩擦力　　B. 重力、压力　　C. 重力、惯性力　　D. 黏性力、重力

6. 在静止状态下,水银与水两种流体的单位质量力之比为(　　)。

A. 1　　　　　　　　B. 9.8　　　　　　　　C. 12.6　　　　　　　D. 13.6

二、计算分析题

7. 已知某容器内水的体积弹性模量 $K = 2.2 \times 10^6\ \mathrm{kPa}$,若欲减小其体积的 1‰,应增加多大的压强?

8. 体积为 2.5 $\mathrm{m^3}$,温度为 20 ℃的水,若将其升温至 80 ℃,其体积将增加多少?

9. 某流体的温度从 0 ℃增加至 20 ℃时,其运动黏度 ν 增加了 15%,密度 ρ 减小了 10%,试求其动力黏度 μ 将增加多少(百分数)?

10. 试分析人工湖内静水所受单位质量力为多少?

第2章 流体静力学

流体静力学是研究流体处于静止时的力学规律及其在实际工程中的应用。静止流体的共性是流体质点之间没有相对运动,流体的黏滞性不起作用,故静止流体不呈现切应力,流体质点之间只存在正应力。又由于流体几乎不能承受拉应力,所以,静止流体质点之间的相互作用是通过压应力(称为流体静压强)形式呈现出来。因此,流体静力学的主要任务便是研究流体静压强在空间的分布规律,并在此基础上解决一些工程实际问题。

2.1 静止流体中的应力特征

当流体处于静止状态时,其应力具有两个主要特征。

2.1.1 方向性

静止流体中的应力总是沿作用面的内法线方向。

流体处于静止状态时,流体的黏性便不起作用,故静止流体的表面力只有法向力而没有切向力;另外,流体几乎不能承受拉力,否则将破坏平衡。综前所述,静止流体的法向表面力只可能是沿作用面内法线方向的压力。单位面积流体上的压力,称为压强,用 p 表示,静止流体中的压强则称为流体静压强。

2.1.2 大小性

静止流体中任一点的流体静压强大小与其作用面的方位无关。即同一点上各个方向的流体静压强大小相等。

为了简单证明这一特性,在静止流体中任取一点 O,并建立直角坐标系 $Oxyz$。在该坐标系上,取厚度(垂直于纸面)为 $\mathrm{d}y$,边长分别为 $\mathrm{d}x$、$\mathrm{d}z$、$\sqrt{\mathrm{d}x^2+\mathrm{d}z^2}$ 的微小五面体,如图 2.1(a)所示。设 p_x、p_z、p_n 分别表示 Oyz 平面、Oxy 平面和斜面上的平均流体静压强,则相应的压力分别为

$$P_x = p_x \mathrm{d}z\mathrm{d}y$$
$$P_z = p_z \mathrm{d}x\mathrm{d}y$$
$$P_n = p_n \sqrt{\mathrm{d}x^2+\mathrm{d}z^2}\,\mathrm{d}y$$

由于流体处于静止状态,质量力只有重力

$$G = \frac{1}{2}\rho g\mathrm{d}x\mathrm{d}z\mathrm{d}y$$

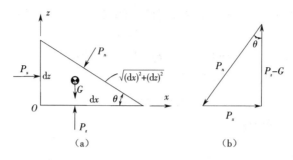

图 2.1 微小五面体流体

因在 Oxz 平面,流体在表面力 P_x、P_z、P_n 和质量力 G 作用下处于平衡,则根据静力学平衡原理,它们将组成如图 2.1(b) 所示的力的封闭三角形。不难证明,流体几何三角形和力的封闭三角形为相似三角形,根据相似理论可得

$$\frac{P_x}{dz} = \frac{P_z - G}{dx} = \frac{P_n}{\sqrt{dx^2 + dz^2}}$$

将 P_x、P_z、P_n 和 G 代入上式,并令 dx、dy、dz 趋近于零,即微小五面体无限缩小到 O 点时,便可得到

$$p_x = p_z = p_n$$

这就证明了在静止流体中,任一点的流体静压强与其作用面的方位无关。至于不同空间点的流体静压强,一般来说是各不相同的,即

$$p = p(x, y, z) \tag{2-1}$$

2.2 重力作用下流体静压强的分布规律

2.2.1 流体静压强微分方程

在静止流体中任取竖直高度为 dz、面积为 dA 的微小圆柱形流体,该流体在竖直方向上所受的各力如图 2.2 所示。设流体的密度为 ρ,微小圆柱形流体底端面形心相对于基准面 $0-0$ 的高度为 z、压强为 p,经过 dz 距离后,顶端端面的形心高度和压强相对于底端面均分别有一个增量 dz 和 dp。由于静止流体无黏性切应力,故在 z 方向,作用在微小圆柱形流体上的表面力只有上下端面的压力 pdA 和 $(p + dp)dA$,质量力只有重力 dG。

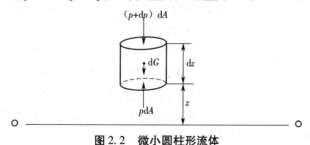

图 2.2 微小圆柱形流体

根据流体平衡条件,作用在微小圆柱形流体上的表面力和质量力在 z 方向投影的代数和应等于零,即

$$pdA - (p + dp)dA - dG = 0$$

式中,$dG = \rho g dz dA$,代入上式,化简后得

$$dp = -\rho g dz \tag{2-2}$$

上式即为流体静压强微分方程。

2.2.2   等压面概念

流体中各点压强 $p = C$ 或 $dp = 0$ 的面称为等压面。由式(2-2)可知,静止流体的等压面方程为 $dz = 0$,也就是说,静止流体的等压面为与基准面 $0-0$ 平行的水平面,这一特性在流体静压强计算中将会经常用到。

2.2.3   流体静力学基本公式

将流体静压强微分方程式(2-2)进行积分,可得

$$p = -\rho g z + C'$$

或

$$z + \frac{p}{\rho g} = \frac{C'}{\rho g} = C \tag{2-3}$$

式中:C' 为积分常数;C 为常数,可根据边界条件确定。式(2-3)即为重力作用下的流体静力学基本公式。

对于静止流体中任意两点,式(2-3)可写成

$$z_1 + \frac{p_1}{\rho g} = z_2 + \frac{p_2}{\rho g}$$

或

$$p_2 = p_1 + \rho g(z_1 - z_2) \tag{2-4}$$

由于气体的密度 ρ 值较小,由式(2-4)可知,在两点间高差 $z_1 - z_2$ 不大时,任意两点的静压强可以认为是相等的。对于液体,如图 2.3 所示,若容器中液面压强为 p_0,则由式(2-4)可得液体内任一点的静压强

$$p = p_0 + \rho g(z_0 - z) = p_0 + \rho g h \tag{2-5}$$

式中,$h = z_0 - z$ 为从液面起算的计算点的淹没深度。式(2-5)为不可压缩静止液体压强的常用计算式,通常也称为水静力学基本公式。

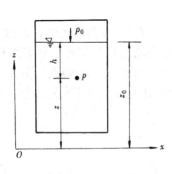

图 2.3   容器内液体任一点静压强

通常建筑物表面或自由液面上都作用着当地大气压 p_a。当地大气压值一般随海拔的高度和气温的变化而变化。在工程技术中,为便于计算,当地大气压的大小通常以 1 个工程大气压(相对于海拔 200 m 处的正常大气压)计。1 个工程大气压(at 或 kgf/cm²)的大小规定为相当于 735 mmHg 或 10 mH₂O 对其柱底产生的压强。

在国标法定计量单位中,压强的单位规定为 Pa。在实际工程中,为了方便有时也用 mH_2O,在旧的工程单位制中,压强单位用 kgf/cm^2 和 at。它们之间的换算关系为

$$1 \ at = 98 \ kN/m^2 = 98 \ kPa = 1.0 \ kgf/cm^2 = 10 \ mH_2O$$

2.2.4　绝对压强、相对压强、真空压强

根据计量基准的不同,流体静压强有绝对压强和相对压强两种表示方法。

以设想没有大气分子存在的绝对真空为基准计量的压强,称为绝对压强,用 p' 表示。

以当地大气压强 p_a 为基准计量的压强,称为相对压强,用 p 表示。在实际工程中,建筑物表面或液面多为当地大气压强 p_a 作用,故对建筑物起作用的压强仅为相对压强。

绝对压强和相对压强是按两种不同基准计量的压强,两者之间相差一个当地大气压强 p_a 值,即

$$p = p' - p_a \tag{2-6}$$

绝对压强 p' 总是正值,而相对压强 p 则有正有负。如果流体内某点的 $p' < p_a$,即相对压强 $p < 0$ 时,则称该点存在真空。当流体存在真空时,习惯上用真空压强 p_v 表示。真空压强 p_v 是指该点绝对压强 p' 小于当地大气压强 p_a 的数值,即

$$p_v = p_a - p' \tag{2-7}$$

真空压强 p_v 恒为正值。绝对压强 p'、相对压强 p、真空压强 p_v 与当地大气压强 p_a 之间的关系,如图 2.4 所示。

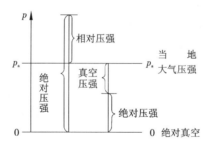

图 2.4　各种压强之间关系

【例 2-1】　为检查市政排水管道施工质量,应做闭水实验。已知检查井中管道堵头形心处水深 $h = 2.5 \ m$,试求该处的绝对压强 p' 和相对压强 p。

【解】　堵头形心处的绝对压强

$$p' = p_a + \rho g h = 98 \ 000 \ + 1 \ 000 \times 9.8 \times 2.5 = 122 \ 500 \ Pa$$
$$= 122.5 \ kPa$$

相对压强　　　　$p = p' - p_a = 122.5 - 98 = 24.5 \ kPa$

【例 2-2】　图 2.5 所示 A、B 两容器用一玻璃弯管连接,其中封闭容器 A 充满气体,开口容器 B 中盛满水,若玻璃弯管中的水上升高度 $h_v = 1.5 m$,试求封闭容器 A 中的绝对压强 p'_A 和相对压强 p_A。

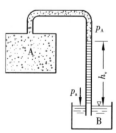

图 2.5　真空压强

【解】 由于气体的密度较小,封闭容器 A 及连接玻璃弯管内气体部分的压强可认为相等的。故封闭容器 A 中的绝对压强

$$p_A' = p_a - \rho g h_v = 98\ 000 - 1\ 000 \times 9.8 \times 1.5 = 83\ 300\ \text{Pa}$$
$$= 83.3\ \text{kPa}$$

相对压强
$$p_A = p_A' - p_a = 83.3 - 98 = -14.7\ \text{kPa}$$

由于 $p_A < 0$,说明封闭容器 A 内存在真空,其真空压强

$$p_v = p_a - p_A' = -p_A = 14.7\ \text{kPa}$$

2.2.5 流体静压强分布图示

在工程实际中,常常用流体静压强分布图分析问题和进行计算。绘制流体静压强分布图要用到流体静力学基本公式($p = p_0 + \rho g h$)和静止流体中的压强特征(方向性、大小性)两个知识点。由于对建筑物起作用的是相对压强,所以,没有特殊指明,一般只要求绘制相对压强分布图。图 2.6 为折线形壁面上流体静压强分布图示。

2.2.6 测压管高度、测压管水头及真空度

前述曾经指出,流体中任一点的压强可以用液柱高度表示,这种方法在工程技术上,特别是测量压强时,显得十分方便。下面说明压强与液柱高度的转换关系,并引出与其相关的几个概念。

如图 2.7 所示盛水封闭容器,若在器壁任一点 A 处开一小孔,并连接一根上端开口的玻璃管,称为测压管。在 A 点压强作用下,液体将沿测压管上升至 h_A 高度,若从测压管方面看,A 点的相对压强 $p_A = \rho g h_A$,可见,液体内任一点的相对压强可以用测压管内的液柱高度(称为测压管高度)表示。

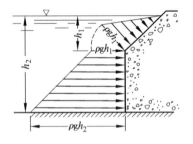

图 2.6 折线形壁面上流体静压强分布

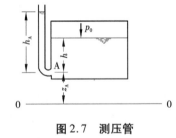

图 2.7 测压管

$$h_A = \frac{p_A}{\rho g} \tag{2-8}$$

在流体力学中,把流体内任一点的测压管高度 $\dfrac{p}{\rho g}$ 与该点相对于基准面的位置高度 z(也称位置水头)之和 $z + \dfrac{p}{\rho g}$ 称为测压管水头。从式(2-4)可知,在连续均质的静止流体中,各点的测

压管水头保持不变。

同理,真空压强 p_v 也可用液柱高度 $h_v = \dfrac{p_v}{\rho g}$ 表示。h_v 称为真空度,即

$$h_v = \frac{p_v}{\rho g} = \frac{p_a - p'}{\rho g} \tag{2-9}$$

在上式中,令 $p' = 0$(此时称为绝对真空),可得理论上的最大真空度

$$h_{v,max} = \frac{p_a - 0}{\rho g} = \frac{98\,000}{1\,000 \times 9.8} = 10 \text{ mH}_2\text{O}$$

必须指出,绝对真空在理论上是可以分析的,但在实际中要把容器内抽成绝对真空是难以做到的,尤其是当容器内盛有液体时,只要容器内液体压强低于其饱和压强后,液体便开始汽化,压强就不会再下降了。

2.3　流体压强的测量

测量流体压强的仪器类型很多,主要在压强的量程大小和测量精度上有差别。在工程实际中,常用的压强测量仪器有液柱式测压计、金属测压表和电测式测压仪表等,其中液柱式测压计的测量原理是以流体静力学基本公式为依据的。下面介绍几种常用的液柱式测压计。

2.3.1　测压管

测压管是一根等直径透明玻璃管,直接连接在欲测量压强的容器上,如图 2.7 所示。测压管都是上端开口的,所以测出的是绝对压强与当地大气压之差即相对压强。

测压管的优点是结构简单,测量精度较高;缺点是只能测量量程较小的液体压强。当相对压强大于 0.2 个工程大气压时,就需要 2 m 以上高度的测压管,使用很不方便。

2.3.2　U 形管测压计

当被测压强较大或测量气体压强时,常采用图 2.8 所示的 U 形管测压计。U 形管测压计中的液体,根据被测流体的种类和压强大小不同,一般常用水、酒精或水银。从测压计上读出 h 和 h_p 后,根据流体静力学基本公式(2-5)有

$$p_1 = p_A + \rho g h \qquad p_2 = \rho_p g h_p$$

由于 U 形管 1、2 两点在同一等压面上,由此可得 A 点的相对压强

$$p_A = \rho_p g h_p - \rho g h \tag{2-10}$$

当被测流体为气体时,由于气体的密度较小,上式右端第二项可略去不计。

2.3.3　U 形管真空计

当被测流体的绝对压强小于当地大气压时,可采用图 2.9 所示的 U 形管真空计测量其真空压强(或称真空值)。计算方法与 U 形管测压计类似,图中 A 点的真空压强

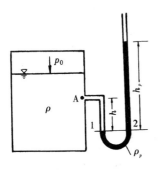

图 2.8 U 形管测压计

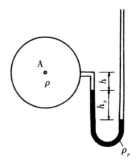

图 2.9 U 形管真空计

$$p_v = \rho_p g h_p + \rho g h \tag{2-11}$$

同样,若被测流体为气体时,上式右端第二项可略去不计。

2.3.4 U 形管压差计

若欲测定流体内两点(压源)的压强差或测压管水头差时,可采用图 2.10 所示 U 形管压差计。由图知

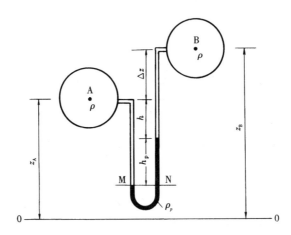

图 2.10 U 形管压差计

$$p_M = p_A + \rho g(h + h_p), \quad p_N = p_B + \rho g(\Delta z + h) + \rho_p g h_p$$

因水平面 MN 为等压面,故 $p_M = p_N$,即

$$p_A + \rho g(h + h_p) = p_B + \rho g(\Delta z + h) + \rho_p g h_p$$

整理上式,可得 A、B 两压源的压强差

$$p_A - p_B = \rho g \Delta z + (\rho_p - \rho) g h_p \tag{2-12}$$

若将 $\Delta z = z_B - z_A$ 代入上式,化简整理可得 A、B 两压源的测压管水头差

$$\left(z_A + \frac{p_A}{\rho g}\right) - \left(z_B + \frac{p_B}{\rho g}\right) = \left(\frac{\rho_p}{\rho} - 1\right) h_p \tag{2-13}$$

2.4　静止液体作用在平面上的总压力

确定静止液体作用在平面上的总压力的大小、方向、作用点是许多工程技术上(如设计水池、水闸、水坝及路基、堤防等)必须解决的工程实际问题。

2.4.1　总压力的大小及方向

设在静止液体中有一与自由液面(相对压强为零的液体表面)交角为 α、面积为 A、形状任意的平面 ab,如图 2.11 所示。为分析方便,将平面 ab 绕 Oy 轴顺时针旋转 90° 置于纸面上,建立 Oxy 坐标系。

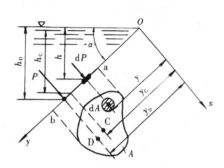

在平面 ab 上任取一微元面积 dA,其形心距液面的深度为 h、距 Ox 轴为 y。由于对建筑物起作用的是相对压强,则静止液体作用在 dA 上的压力

$$dP = pdA = \rho ghdA = \rho gy\sin\alpha dA$$

因作用在平面 ab 各微元面积上的压力 dP 方向相同,根据平行力系求和原理,在受压面上积分上式,可得作用在平面 ab 上的总压力

图 2.11　任意平面上静止液体总压力

$$P = \int_A dP = \rho g\sin\alpha \int_A ydA$$

式中,$\int_A ydA$ 为受压面对 Ox 轴的静矩,其值等于受压面面积 A 与其形心坐标 y_C 的乘积。故总压力的大小

$$P = \rho g\sin\alpha y_C A = \rho gh_C A = p_C A \tag{2-14}$$

式中,$h_C = y_C\sin\alpha$ 为受压面形心距自由液面的深度,$p_C = \rho gh_C$ 为受压面形心处的相对压强。从式(2-14)可知,静止液体作用在任意受压平面上的总压力等于受压面面积与其形心处的相对压强的乘积,或者说,任意受压平面上的平均压强等于其形心处的压强。

至于总压力的方向,因为平行力系,与 dP 方向相同,即沿作用面的内法线方向。

2.4.2　总压力的作用点

总压力的作用点 D(也称压力中心)位置,可用理论力学中的合力矩定理(即合力对某轴的力矩等于组成合力的各分力对同一轴的力矩之代数和)求得。对 Ox 轴取矩

$$Py_D = \int_A ydP = \rho g\sin\alpha \int_A y^2 dA$$

式中,$\int_A y^2 dA = I_x$ 为受压面对 Ox 轴的惯性矩。将 $P = \rho g\sin\alpha y_C A$ 代入上式,化简整理得

$$y_D = \frac{I_x}{y_C A}$$

为便于应用,可利用惯性矩平行移轴公式 $I_x = I_C + y_C^2 A$,将受压面对 Ox 轴的惯性矩 I_x 转换成对与之平行的形心轴的惯性矩 I_C,上式改写为

$$y_D = y_C + \frac{I_C}{y_C A} \tag{2-15}$$

从上式可知,压力中心 D 总是位于受压面形心 C 的下方。

上面求出了压力中心 D 的 y 坐标 y_D,一般情况下,还应求出它的 x 坐标 x_D 才能完全确定其位置。求 x_D 的方法与求 y_D 类似。在实际工程中,常见的受压平面建筑物多具有轴对称性(对称轴与 Oy 轴平行),总压力 P 的作用点必位于对称轴上,对此,只要求出 y_D,便可完全确定压力中心 D 的位置。

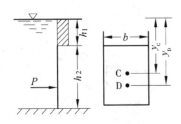

图 2.12　铅直矩形闸门静止总压力

【例 2-3】　某城市为防止外河倒灌,在市政排水渠道与外河交汇处建有一铅垂矩形闸门,如图 2.12 所示。已知 $h_1 = 1.5$ m 、$h_2 = 2.0$ m,闸门宽度 $b = 1.5$ m,试求作用在闸门上的静水总压力及压力中心位置。

【解】　静水总压力由式(2-14)得

$$
\begin{aligned}
P &= \rho g h_c A = \rho g \left(h_1 + \frac{h_2}{2} \right) b h_2 \\
&= 1\,000 \times 9.8 \times \left(1.5 + \frac{2.0}{2} \right) \times (1.5 \times 2.0) \\
&= 73\,500 \text{ N} = 73.5 \text{ kN}
\end{aligned}
$$

压力中心位置由式(2-15)得

$$
\begin{aligned}
y_D &= y_C + \frac{I_C}{y_C A} = \left(h_1 + \frac{h_2}{2} \right) + \frac{\frac{1}{12} b h_2^3}{\left(h_1 + \frac{h_2}{2} \right) (b h_2)} \\
&= \left(1.5 + \frac{2.0}{2} \right) + \frac{\frac{1}{12} \times 1.5 \times 2.0^3}{\left(1.5 + \frac{2.0}{2} \right) \times (1.5 \times 2.0)} = 2.63 \text{ m}
\end{aligned}
$$

2.5　静止液体作用在曲面上的总压力

在实际工程中常遇到如弧形闸门、双曲拱坝、贮水池壁面等受压面为曲面的情况。工程曲面多为二向曲面(即具有平行母线的柱面),因此,下面仅讨论静止液体作用在二向曲面上的总压力计算方法。其实,将二向曲面计算推广到三向曲面计算,没有质的问题,只有量的增加。

2.5.1　总压力的大小及方向

设有一左侧承受液体静压强、面积为 A 的二向曲面 ab,其母线平行于 Oy 轴(垂直于纸

面），如图 2.13 所示。若在曲面 ab 上任取一微元面积 dA，其形心距自由液面的深度为 h，则作用在该微元面积上的液体压力

$$dP = \rho g h dA$$

由于压强与受压面正交，故作用在曲面 ab 上各点的压强方向各不相同，它们彼此既不平行，也不一定交于一点，其合力就不能简单地像求平面总压力那样直接积分求其代数和。为便于分析，现利用力的分解原理，将微元面积上的液体压力 dP 分解为：

水平分力　$dP_x = dP\cos\theta = \rho g h dA \cos\theta$

铅垂分力　$dP_z = dP\sin\theta = \rho g h dA \sin\theta$

式中，θ 如图 2.13 所示，既是 dP 与水平面的夹角，也是 dA 与铅垂面的夹角，故 $dA\cos\theta$、$dA\sin\theta$ 分别为 dA 在铅垂面和水平面上的投影面积 dA_x 和 dA_z。

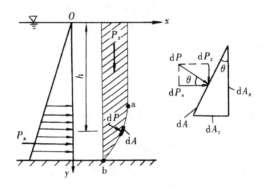

图 2.13　二向曲面上静止液体总压力

静止液体作用在曲面 ab 上的总压力的水平分力

$$P_x = \int_{A_x} dP_x = \rho g \int_{A_x} h dA_x$$

式中，$\int_{A_x} h dA_x$ 为受压面铅垂投影对水平轴 Ox 的静矩，由理论力学知，其值等于 $h_C A_x$，将其代入上式得

$$P_x = \rho g h_C A_x = p_C A_x \qquad (2\text{-}16)$$

式中，A_x 为受压曲面在铅垂面上的投影面积，h_C 为 A_x 的形心在自由液面下的深度。从式(2-16)知，静止液体作用在曲面 ab 上的总压力的水平分力等于作用于该曲面的铅垂投影面上的总压力。

静止液体作用在曲面 ab 上的总压力的铅垂分力

$$P_z = \int_{A_z} dP_z = \rho g \int_{A_z} h dA_z$$

式中，$\int_{A_z} h dA_z$ 为曲面 ab 上的液柱体积（图 2.13 中阴影部分），通常称为压力体体积，记为 V_P，故上式改写为

$$P_z = \rho g V_P \tag{2-17}$$

由此可见,静止液体作用在曲面上的总压力的铅垂分力等于其压力体的液重。

有了 P_x 和 P_z,便可根据力的合成原理,求得总压力的大小

$$P = \sqrt{P_x^2 + P_z^2} \tag{2-18}$$

及作用方向

$$\alpha = \arctan \frac{P_z}{P_x} \tag{2-19}$$

式中,α 为总压力 P 的作用线与水平线间的夹角。

2.5.2　总压力的作用点

由于总压力的水平分力 P_x 的作用线通过 A_x 的压力中心,铅垂分力 P_z 通过压力体的重心,且均指向受压面,故总压力的作用线必通过上述两条作用线的交点,其方向由式(2-19)确定。总压力作用线与曲面的交点即为总压力在曲面上的作用点,即压力中心。

2.5.3　压力体概念

式(2-17)只是形式上解决了铅垂分力的计算问题,但要正确地应用,尚须掌握压力体的概念。所谓压力体,是从积分式 $\int_{A_z} h \mathrm{d}A_z$ 得到的一个体积,它是一个纯数学概念,与该体积内是否有液体存在无关。压力体一般是由三种面所围成的封闭体,即受压曲面(压力体的底面)、自由液面或自由液面的延长面(压力体的顶面)以及通过受压曲面边界向自由液面或其延长面所作的铅垂柱面。在特殊情况下,压力体也可能是由两种面(如浮体)或一种面(如潜体)所围成的封闭体。

铅垂分力 P_z 的指向取决于液体、压力体与受压曲面间的位置关系。当液体和压力体位于受压曲面的同侧时,称为实压力体,如图 2.13 所示,P_z 向下;当液体和压力体位于受压曲面的异侧时,称为虚压力体,如图 2.14 所示,P_z 向上。

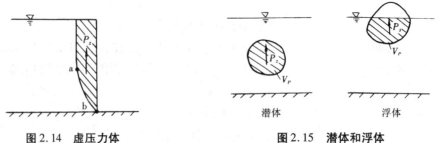

图 2.14　虚压力体　　　　　　　图 2.15　潜体和浮体

以下应用压力体概念,讨论静止液体作用在潜体或浮体上的浮力问题。

完全潜没在液体中的物体,称为潜体,如图 2.15(a)所示;部分潜没、部分露出液面的物

体,称为浮体,如图 2.15(b)所示。静止液体作用在潜体或浮体上的总压力可以分解为水平分力和铅垂分力。水平分力因受压面在铅垂面上的投影面积左右对称、前后对称而相互抵消;铅垂分力则可通过绘制压力体如图 2.15 求得,即

$$P_z = \rho g V_P$$

式中,V_P 为压力体体积,也为潜体或浮体排开液体的体积。因潜体或浮体的压力体均为虚压力体,故 P_z 向上。由此可知,静止液体作用在潜体或浮体上的总压力,方向铅垂向上,大小等于其排开液体的重量。这就是物理学中著名的阿基米德(Archimedes)原理。

由于 P_z 具有把物体推向液体表面的倾向,故通常称其为浮力。浮力的作用点称为浮心,显然,浮心与所排开液体的体积的重心重合。

【例 2-4】 试绘制图 2.16 所示半圆弧曲面 abc 上的压力体。

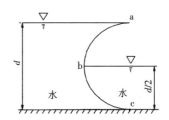

图 2.16 半圆弧曲面的压力体

【解】 因半圆弧曲面 abc 两侧均有静水作用,应分别绘制后,再予以合成。

左侧:曲面 abc 均受静水作用,按压力体绘制原则,得

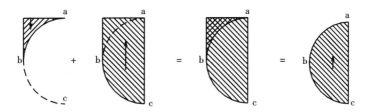

其中,ab 段曲面为实压力体,bc 段曲面为虚压力体,阴影部分虚实压力体抵消。

右侧:只有曲面 bc 受静水作用,其压力体为实压力体

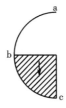

左右侧合成:因左右侧均为同一流体,将两侧压力体叠加可得

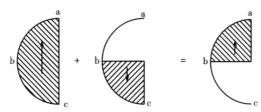

合成后的压力体只有 ab 段曲面的虚压力体。

【例2-5】 如图2.17所示圆弧形闸门,已知闸门宽度 $b = 4.0$ m,转轴半径 $r = 2.0$ m,圆心角 $\varphi = 45°$,试求闸门旋转轴恰与水面齐平时,作用在闸门上的静水总压力。

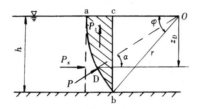

图2.17　圆弧形闸门上静水总压力

【解】 闸前水深

$$h = r\sin \varphi = 2.0\sin 45° = \sqrt{2} \text{ m}$$

作用在闸门上的静水总压力的水平分力

$$P_x = \rho g h_C A_x = \frac{1}{2}\rho g h^2 b = \frac{1}{2} \times 1\,000 \times 9.8 \times \sqrt{2}^{\,2} \times 4.0$$

$$= 39\,200 \text{ N} = 39.20 \text{ kN}(\rightarrow)$$

作用在闸门上的静水总压力的铅垂分力

$$P_z = \rho g V_P = \rho g b (A_{aob} - A_{cob}) = \rho g b \left(\frac{1}{8}\pi r^2 - \frac{1}{2}h^2\right)$$

$$= 1\,000 \times 9.8 \times 4.0 \times \left[\frac{1}{8} \times 3.14 \times 2.0^2 - \frac{1}{2} \times \sqrt{2}^{\,2}\right]$$

$$= 22\,344 \text{ N} = 22.34 \text{ kN}(\uparrow)$$

总压力的大小

$$P = \sqrt{P_x^2 + P_y^2} = \sqrt{39.2^2 + 22.34^2} = 45.12 \text{ kN}$$

方向

$$\alpha = \arctan \frac{P_z}{P_x} = \arctan \frac{22.34}{39.20} = 29.68° \approx 30°$$

由于 P 必然通过闸门的转轴 O,故其作用点距水面高度

$$z_D = r\sin \alpha = 2.0\sin 30° = 1.0 \text{ m}$$

【例2-6】 如图2.18(a)所示的圆弧形闸门铰接于 O 点,闸门垂直于纸面的宽度 $b = 4$ m,半径 $R = 2$ m,$H = 0.5$ m,试求当闸门处于图示平衡状态时拉力 F 的大小(闸门自重不计)。

【解】 由于受压面为圆弧形曲面,闸门所受静水总压力 P 的作用线必通过圆心,将总压力在圆心处分解为水平分力 P_x 和铅垂分力 P_z,如图2.18(b)所示。对铰链中心 O 点应用合力矩定理

$$P_x R - F(H + R) = 0$$

得

$$F = \frac{R}{H + R}P_x$$

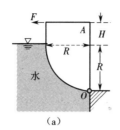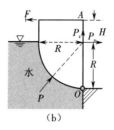

（a）　　　　　　　（b）

图 2.18

式中
$$P_x = \rho g h_c A_x = \rho g \frac{R}{2}(Rb) = 1\,000 \times 9.8 \times \frac{2}{2} \times (2 \times 4) = 78\,400 \text{ N}$$

故当闸门处于图示平衡状态时的拉力
$$F = \frac{R}{H+R}P_x = \frac{2}{0.5+2} \times 78\,400 = 62\,720 \text{ N}$$

习　　题

一、单项选择题

1. 金属压力表的读数为（　　　）。

A. 绝对压强 p' 　　　B. 相对压强 p 　　　C. 真空压强 p_v 　　　D. 当地大气压 p_a

2. 重力作用下的流体静压强微分方程为 $dp = $（　　　）。

A. $-\rho g dz$ 　　　B. $\rho g dz$ 　　　C. $-(\rho/g)dz$ 　　　D. $(\rho/g)dz$

3. 静止液体作用在曲面上的静水总压力的水平分力 $P_x = p_c A_x = \rho g h_c A_x$，式中的（　　　）。

A. p_c 为受压面形心处的绝对压强　　　　　B. p_c 为压力中心处的相对压强

C. A_x 为受压曲面的面积　　　　　　　　　D. A_x 为受压曲面在铅垂面上的投影面积

4. 重力作用下的流体静力学基本公式为 $z + \dfrac{p}{\rho g} = $（　　　）。

A. C 　　　B. $C(x)$ 　　　C. $C(y)$ 　　　D. $C(x,y)$

5. 有一倾斜放置的平面闸门，如题 5 图所示。当上下游水位都上升 1 m 时（虚线位置），闸门上的静水总压力（　　　）。

A. 变大　　　B. 变小　　　C. 不变　　　D. 无法确定

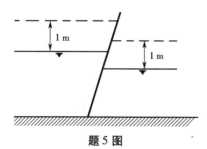

题 5 图

6. 绝对压强 p'、相对压强 p、真空压强 p_v 及当地大气压强 p_a 之间的关系是(   )。

A. $p' = p + p_a$ B. $p' = p - p_a$ C. $p' = p_v + p_a$ D. $p' = p_v - p_a$

7. 下列关于压力体的说法中,正确的是(   )。

A. 当压力体和液体在曲面的同侧时,为实压力体, $P_z \downarrow$

B. 当压力体和液体在曲面的同侧时,为虚压力体, $P_z \uparrow$

C. 当压力体和液体在曲面的异侧时,为实压力体, $P_z \uparrow$

D. 当压力体和液体在曲面的异侧时,为虚压力体, $P_z \downarrow$

8. 如题 8 图所示圆柱体,其左半部在静水作用下受到浮力 P_z,则圆柱体在该浮力作用下将(   )。

A. 匀速转动   B. 加速转动   C. 减速转动   D. 固定不动

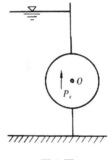

题 8 图

二、计算分析题

9. 一封闭水箱如题 9 图所示,已知金属测压计读数 $p = 4\,900$ Pa,金属测压计中心和容器内液面分别比 A 点高 0.5 m 和 1.5 m,试求液面的绝对压强 p_0' 和相对压强 p_0。

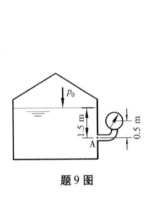

题 9 图

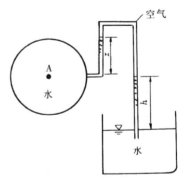

题 10 图

10. 题 10 图所示为测量容器中 A 点压强的真空计。已知 $z = 1.0$ m, $h = 2.0$ m,试求 A 点的真空压强 p_v 及真空度 h_v。

11. 一流体实验装置如题 11 图所示,已知测压管 1 的水面读数 $z_1 = 74$ cm,测压管 2 的水面读数 $z_2 = 53$ cm,U 形测压管读数 $h = 24$ cm。试求容器内水面的相对压强 p_0 和 U 形测压管中液体的密度 ρ。

12. 如题 12 图所示水压机的大活塞直径 $D = 500$ mm,小活塞直径 $d = 200$ mm,$a = 250$ mm,$b = 1\,000$ mm,$h = 400$ mm,若活塞重量忽略不计,试求当外加压力 $P = 200$ N 时,A 块所受的力为多少?

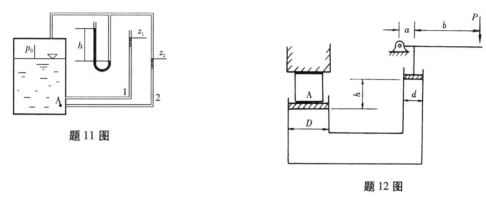

题 11 图

题 12 图

13. 绘制题 13 图中 AB 壁面上的相对压强分布图。

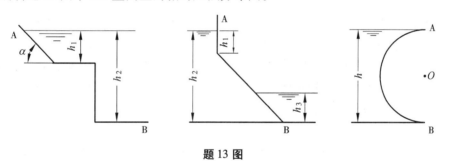

题 13 图

14. 一矩形闸门的位置及尺寸如题 14 图所示,闸上缘设有转轴,下缘连接铰链以备开闭。若忽略闸门自重及转轴摩擦力,试求开启闸门所需的拉力 T。

15. 如题 15 图所示绕铰链 C 转动的自动开启式矩形平板闸门。已知闸门倾角为 $\theta = 60°$,宽度为 $b = 5$ m,闸门两侧水深分别为 $H = 4$ m 和 $h = 2$ m,为避免闸门自动开启,试求转轴 C 至闸门下端 B 的距离 x。

题 14 图

题 15 图

16. 利用检查井作闭水试验检验管径 $d = 1\,200$ mm 的市政排水管道施工质量。已知排水管堵头形心高程为 256.34 m, 检查井中水面高程为 259.04 m, 试求堵头所受的静水总压力大小。

17. 试绘制题 13 图中 AB 壁面上的压力体。

18. 如题 18 图所示, 铰接于点 A 的四分之一圆弧形闸门, 已知闸门垂直纸面的宽度 $b = 4$ m, $H = 0.5$ m, $R = 2$ m, 试求图示位置平衡时所需的水平拉力 F 的大小(闸门自重忽略不计)。

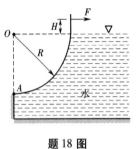

题 18 图

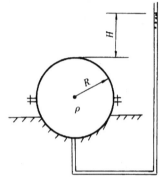

题 19 图

19. 如题 19 图所示盛水(密度为 ρ)容器由半径为 R 的两个半球用 N 个螺栓连接而成, 已知测压管水位高出球顶 H, 试求每个螺栓所受的拉力 F。

20. 某地铁 1#、2#线的交汇车站位于城市中心的下沉式广场下, 其站室结构基底置于高程为 330.75 m 的透水地层上, 已知基底面积 $A = 100$ m $\times 150$ m, 设计地下水位为 350.75 m, 为进行工程抗浮设计需要, 试求结构所受浮力大小。

第 3 章　流体动力学理论基础

本章研究流体机械运动的基本规律及其在工程中的应用。流体运动和其他物质运动一样,都要遵循物质运动的普遍规律。因此,本章根据物理学和理论力学中的质量守恒定律、能量守恒定律以及动量定律等,建立流体动力学的基本方程,为以后各章学习奠定必要的理论基础。

3.1　描述流体运动的方法

描述流体运动的方法有拉格朗日(J. L. Lagrange)法和欧拉(L. Euler)法两种。

3.1.1　拉格朗日法

拉格朗日法着眼于流体各质点的运动情况,研究各流体质点的运动历程,然后综合所有被研究流体质点的运动情况,以获得整个流体运动的规律。这种方法与一般力学中研究质点与质点系运动的方法是一样的。

拉格朗日法尽管对流体运动描述得比较全面,从理论上讲,可以求出每个流体运动质点的轨迹。但是,由于流体质点的运动轨迹非常复杂,用拉格朗日法分析流体运动,在数学上将会遇到很多困难,同时,实用上一般也不必知道给定流体质点的运动规律,所以除少数情况(如研究波浪运动)外,在流体力学研究中通常不采用这种方法,而采用较为简便的欧拉法。

3.1.2　欧拉法

欧拉法只着眼于流体经过流场(即充满运动流体质点的空间)中各空间点时的运动情况,而不过问这些运动情况是由哪些流体质点表现出来的,也不管那些流体质点运动的来龙去脉,然后综合流场中所有被研究空间点上各质点的运动要素(即表征流体运动状态的物理量如流速、压强等)及其变化规律,以获得整个流场的运动特性。

用欧拉法描述流体运动时,运动要素是空间坐标 x、y、z 和时间变量 t 的连续可微函数。因此,各空间点的流速、压强所组成的流速场和压强场可分别表示为

$$\left.\begin{array}{l} u_x = u_x(x,y,z,t) \\ u_y = u_y(x,y,z,t) \\ u_z = u_z(x,y,z,t) \end{array}\right\} \tag{3-1}$$

$$p = p(x,y,z,t) \tag{3-2}$$

加速度应是速度对时间的全导数。根据复合函数求导规则,不难求得加速度场

$$a_x = \frac{\mathrm{d}u_x}{\mathrm{d}t} = \frac{\partial u_x}{\partial t} + u_x\frac{\partial u_x}{\partial x} + u_y\frac{\partial u_x}{\partial y} + u_z\frac{\partial u_x}{\partial z}$$

$$a_y = \frac{\mathrm{d}u_y}{\mathrm{d}t} = \frac{\partial u_y}{\partial t} + u_x\frac{\partial u_y}{\partial x} + u_y\frac{\partial u_y}{\partial y} + u_z\frac{\partial u_y}{\partial z} \qquad (3\text{-}3)$$

$$a_z = \frac{\mathrm{d}u_z}{\mathrm{d}t} = \frac{\partial u_z}{\partial t} + u_x\frac{\partial u_z}{\partial x} + u_y\frac{\partial u_z}{\partial y} + u_z\frac{\partial u_z}{\partial z}$$

式中:等号右边 $\frac{\partial(\,\cdot\,)}{\partial t}$ 项称为当地加速度(或称时变加速度),表示通过某固定空间点的流体质点,其速度随时间的变化率;等号右边后三项称为迁移加速度(或称位变加速度),表示流体质点因空间位置变化引起的速度变化率。因此,用欧拉法描述流体运动时,其加速度为当地加速度和迁移加速度之和。

3.2 欧拉法研究流体运动的基本概念

3.2.1 恒定流与非恒定流

若流场中各空间点上的一切运动要素都不随时间变化,这种流动称为恒定流,否则称为非恒定流。恒定流的一切运动要素只是空间坐标 x、y、z 的函数,而与时间 t 无关,因此各运动要素的当地导数 $\frac{\partial(\,\cdot\,)}{\partial t} = 0$。

虽然严格的恒定流问题在工程中并不多见,但工程中大多数流体力学问题可以近似按恒定流处理。本书主要研究恒定流问题。

3.2.2 一元流、二元流、三元流

根据流场中各运动要素与空间坐标的关系,可将流体流动分为一元流、二元流、三元流。运动要素仅随一个坐标(包括曲线坐标)变化的流动称为一元流。实际流体力学问题,运动要素大多是3个坐标的函数,属于三元流。但是,由于三元流动的复杂性,在数学上处理起来有相当大的困难,为此,人们往往根据具体问题的性质将其简化为二元流(运动要素是两个坐标的函数)或一元流来处理。本书主要介绍一元分析法即总流分析法。

3.2.3 流线与迹线

流线是某一时刻在流场中画出的一条空间曲线,在该时刻,曲线上所有流体质点的速度矢量均与该曲线相切,如图 3.1 所示。因此,一条某时刻的流线表明了该时刻这条曲线上各质点的流速方向。流线的形状与固体边界的形状有关,离边界越近,受边界影响越大。在运动流体的整个空间,可以绘出一系列流线,称为流线簇。流线簇构成的图案称为流谱,如图 3.2 所示。

流线和迹线是两个完全不同的概念。流线是同一时刻与许多流体质点的速度矢量相切的空间曲线,而迹线则是同一流体质点在一个时段内的运动轨迹。前者是欧拉法分析流体运动

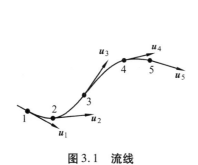

图 3.1　流线　　　　　　　　图 3.2　流谱

的概念,时间是参变量;后者则是拉格朗日法分析流体运动的概念,时间是变量。

流线具有如下特征。

（1）一般情况下,流线不能相交,且只能是一条光滑曲线。否则,在交点或非光滑处将会出现两个切线方向,意味着在同一时刻同一流体质点具有两个运动方向,这显然是不可能的。

（2）流场中每一点都有流线通过,即流线充满整个流场。

（3）在恒定流条件下,流线的形状、位置不随时间变化,且流线与迹线重合。

（4）对于不可压缩流体,流线簇的疏密程度反映了该时刻流场中各点的速度大小,流线密的地方速度大,而疏的地方速度小（理由见下节）。

实际上,流线是空间流速分布的形象化,是流场的几何描述。它类似于电磁场中的电力线与磁力线。如果能获得某一时刻的许多流线,也就了解了该时刻整个流体运动的图像。

3.2.4　流管、元流、总流、过流断面

1. 流管

流管是在流场中通过任意封闭曲线（非流线）上各点做流线而构成的管状面,如图 3.3（a）所示。由于流线不能相交,所以在各个时刻,流体质点只能在流管内部或流管表面流动,而不能穿越流管。因此,流管仿佛就是一根实际的管道,其周界可视为厚度为一根流线的固壁一样。实际生活中的自来水管的内表面就是流管的实例之一。

2. 元流

元流又称微小流束,为充满流管中的流体束,如图 3.3（b）所示。

3. 总流

总流为许多元流的有限集合体。如实际工程中的管流（第 5 章）及明渠水流（第 6 章）都是总流。

4. 过流断面

过流断面是与元流或总流所有流线正交的横断面,如图 3.4 所示。过流断面不一定是平面,其形状与流线的分布情况有关。只有当流场中各流线为相互平行时,过流断面才为平面,

否则为曲面。一般来讲,过流断面上各点的运动要素是不相等的。但对于元流,由于过流断面面积足够小,因而同一过流断面上各点的运动要素在同一时刻则可认为是相等的。

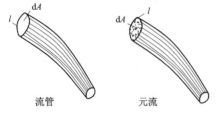

图 3.3　流管与元流

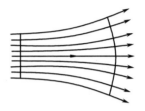

图 3.4　过流断面

3.2.5　流量与断面平均流速

1. 流量

单位时间内通过过流断面的流体量称为流量。流体量一般可用体积或质量度量,相应地称其为体积流量 $Q(\mathrm{m^3/s}$ 或 $\mathrm{L/s})$ 或质量流量 $Q_m(\mathrm{kg/s})$,其中以体积流量用得较多。本书此后提到"流量",如不加说明概指体积流量。

设元流过流断面面积 $\mathrm{d}A$ 上各点的流速为 u,根据流量的定义,可得元流流量

$$\mathrm{d}Q = u\mathrm{d}A \tag{3-4}$$

总流流量等于所有元流流量之和,即

$$Q = \int_A \mathrm{d}Q = \int_A u\mathrm{d}A \tag{3-5}$$

2. 断面平均流速

如果已知过流断面上的流速分布,则可利用式(3-5)计算总流流量。但是,一般情况下断面流速分布不易确定。在工程实际中,为使研究简便,通常引入断面平均流速概念。所谓断面平均流速,是指假想均匀分布在过流断面上的流速 v,如图 3.5 所示,其大小等于流经过流断面的流量 Q

图 3.5　断面平面流速

除以过流断面面积 A,即

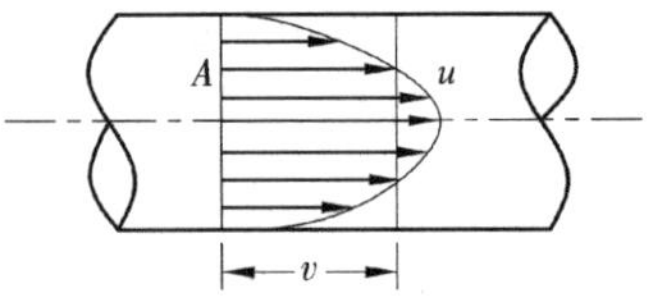

$$v = \frac{Q}{A} = \frac{\int_A u\mathrm{d}A}{A} \tag{3-6}$$

引入断面平均流速概念后,可将实际的三元流或二元流问题简化为一元流问题,这就是所谓的一元分析法或总流分析法。

3.2.6　均匀流与非均匀流

根据位于同一流线上各质点的流速矢量是否沿程变化,可将流体流动分为均匀流和非均匀流。若流场中同一流线上各质点的流速矢量沿程不变,这种流动称为均匀流,否则称为非均匀流。均匀流中各流线为彼此平行的直线,各过流断面上的流速分布沿程不变,过流断面为平

面。例如流体在等直径长直管道中的流动就是均匀流。

应该指出,均匀流与恒定流或非均匀流与非恒定流是两种不同的概念。恒定流中的当地加速度等于零,而均匀流中则是迁移加速度等于零。

3.2.7　渐变流与急变流

实际工程中的流体流动大多为流线彼此不平行的非均匀流。为便于研究,常常按流线沿程变化的缓急程度,将非均匀流分为渐变流和急变流。渐变流是指流场中各流线接近于平行直线的流动,否则称为急变流。

相对于均匀流而言,渐变流过流断面具有两个重要性质。

(1)渐变流过流断面近似为平面。

(2)恒定渐变流过流断面上流体动压强近似按流体静压强分布,即在同一过流断面上有
$z + \dfrac{p}{\rho g} \approx C(\text{常数})$。

渐变流在流体动力学研究的总流分析法中将是经常会用到的重要概念。

3.3　恒定总流的连续性方程

恒定总流的连续性方程是质量守恒定律在流体力学中的数学表达式。

3.3.1　恒定不可压缩元流的连续性方程

如图 3.6 所示,在总流中任取一段,其进口过流断面 1 - 1 面积为 A_1,出口过流断面 2 - 2 面积为 A_2;在从中任取一束元流,其进口过流断面面积为 dA_1,流速为 u_1,出口过流断面面积为 dA_2,流速为 u_2。考虑到:

(1)在恒定流条件下,元流的形状与位置不随时间变化;

(2)不可能有流体从元流的侧面流进或流出;

(3)流体为连续介质,元流内部不存在空隙。

根据质量守恒定律,dt 时间内流进 dA_1 的质量等于流出 dA_2 的质量,即

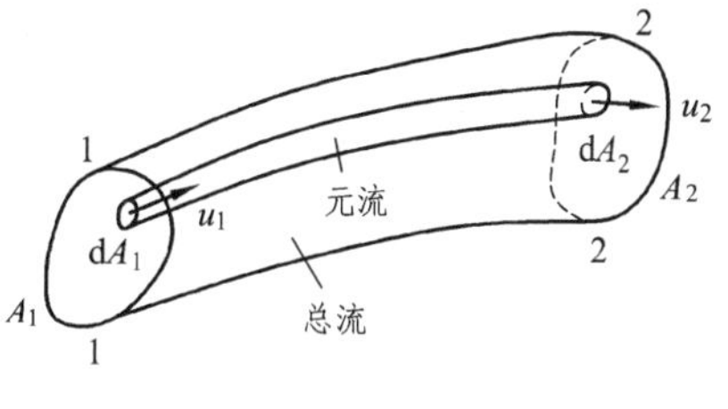

图 3.6　元流、总流的连续性方程

$$\rho_1 u_1 dA_1 dt = \rho_2 u_2 dA_2 dt = dM$$

对于不可压缩流体,$\rho_1 = \rho_2 = \rho$,代入上式化简得

$$u_1 dA_1 = u_2 dA_2 = dQ \tag{3-7}$$

式(3-7)即为恒定不可压缩元流的连续性方程。它表明:对于恒定不可压缩流体,元流的流速与其过流断面面积成反比。由此可知,流线密集的地方(过流断面面积小)流速大,而流线疏的地方(过流断面面积大)流速小。

3.3.2 恒定不可压缩总流的连续性方程

因总流为许多元流所组成的有限集合体,因此,将恒定不可压缩元流的连续性方程在总流过流断面上积分

$$\int_{A_1} u_1 \mathrm{d}A_1 = \int_{A_2} u_2 \mathrm{d}A_2 = \int_A \mathrm{d}Q = Q$$

引入断面平均流速后,可得

$$v_1 A_1 = v_2 A_2 = Q \tag{3-8}$$

上式即为恒定不可压缩总流的连续性方程。它在形式上与恒定不可压缩元流的连续性方程类似,但应注意的是,总流的连续性方程是以断面平均流速 v 代替了点流速 u。

恒定不可压缩总流的连续性方程是不涉及作用力的运动学方程,所以,它无论对于理想流体还是实际流体都是适用的。质量守恒在这里变为流量守恒。

上述恒定总流的连续性方程是在流量沿程不变的条件下导得的。若沿程有流量流进或流出,则总流的连续性方程在形式上应作相应的修正。对于图 3.7 所示情况,其总流的连续性方程应写为

$$Q_1 \pm Q_3 = Q_2 \tag{3-9}$$

式中,Q_3 为流进(取正号)或流出(取负号)的流量。

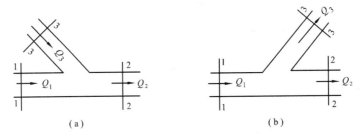

图 3.7　沿程流量流进或流出

【例 3-1】　如图 3.8 所示变截面有压自来水管段,已知管径之比 $d/d_0 = 2$,试求相应的断面平均流速之比 v/v_0。

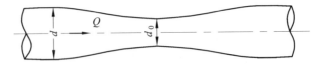

图 3.8　变截面有压自来水管段

【解】　根据恒定总流的连续性方程式(3-8)

$$v \frac{\pi}{4} d^2 = v_0 \frac{\pi}{4} d_0^2$$

得

$$v/v_0 = d_0^2/d^2 = 1/4$$

3.4　恒定总流的能量方程

恒定总流的能量方程是能量守恒定律在流体力学中的数学表达式。它是流体力学的核心,恒定总流的能量方程与恒定总流的连续性方程相结合,可以解决许多工程流体力学问题。

3.4.1　理想流体恒定不可压缩元流的能量方程

在流场中沿流线任取一长度为 ds,过流断面面积为 dA 的微小元流流段,如图 3.9 所示。作用在沿流线方向 s 的外力有:进出口断面的压力 $p\mathrm{d}A$ 和 $(p+\mathrm{d}p)\mathrm{d}A$,作用在元流流段的重力在流线方向的分力为 $\mathrm{d}G\cos\alpha$,对于理想流体,元流流段侧面的摩擦力等于零。

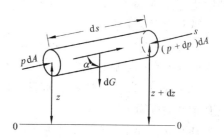

图 3.9　恒定不可压缩元流

在 s 方向应用牛顿第二定律,有

$$p\mathrm{d}A - (p+\mathrm{d}p)\mathrm{d}A - \mathrm{d}G\cos\alpha = \mathrm{d}M\frac{\mathrm{d}u}{\mathrm{d}t}$$

式中:$\mathrm{d}M = \rho\mathrm{d}A\mathrm{d}s$ 为元流流段的流体质量;$\mathrm{d}G = \rho g\mathrm{d}A\mathrm{d}s$ 为元流流段的流体重量;$\cos\alpha$ 根据图 3.9 中几何关系有 $\cos\alpha = \dfrac{\mathrm{d}z}{\mathrm{d}s}$。将 $\mathrm{d}M$、$\mathrm{d}G$、$\cos\alpha$ 关系式分别代入上式,化简整理,并考虑 $\dfrac{\mathrm{d}s}{\mathrm{d}t} = u$,$u\mathrm{d}u = \mathrm{d}\left(\dfrac{u^2}{2}\right)$,得

$$\mathrm{d}z + \frac{1}{\rho g}\mathrm{d}p + \frac{1}{g}\mathrm{d}\left(\frac{u^2}{2}\right) = 0$$

对于不可压缩流体,$\rho =$ 常数,故上式可写为

$$\mathrm{d}\left(z + \frac{p}{\rho g} + \frac{u^2}{2g}\right) = 0$$

沿流线积分上式,得

$$z + \frac{p}{\rho g} + \frac{u^2}{2g} = 常数 \tag{3-10}$$

对于同一流线上任意两点 1 与 2,上式可改写为

$$z_1 + \frac{p_1}{\rho g} + \frac{u_1^2}{2g} = z_2 + \frac{p_2}{\rho g} + \frac{u_2^2}{2g} \tag{3-11}$$

上式即为沿流线成立的理想流体恒定元流的能量方程。它是 1738 年由瑞士物理学家伯努利 (D. Bernoulli)首先导出的,故又称伯努利方程。伯努利方程在流体力学中极为重要,它反映了重力场中理想流体沿元流(或者说沿流线)做恒定流动时,位置标高 z、流体动压强 p、流速 u 三者之间的关系。

为了加深对伯努利方程的理解,下面对方程的物理意义和几何意义进行讨论。

从物理意义上看：

$z = Mgz/(Mg)$ 表示单位重量流体相对于某基准面所具有的位能(位置势能)；

$p/(\rho g) = Mg \dfrac{p}{\rho g}/(Mg)$ 表示单位重量流体所具有的压能(压强势能)；

$u^2/(2g) = \dfrac{1}{2}Mu^2/(Mg)$ 表示单位重量流体所具有的动能。通常将位能与压能之和称为势能，势能与动能之和称为机械能。故伯努利方程的物理意义为：对于重力作用下的恒定不可压缩理想流体，单位重量流体所具有的机械能沿流线不变，即机械能守恒。

从几何意义上看：

z 表示元流过流断面上某点相对于基准面的位置高度，称为位置水头；

$p/(\rho g)$ 称为压强水头；

$u^2/(2g)$ 称为速度水头，也即流体以速度 u 垂直向上喷射到空气中所达到的高度(不计射流自重和空气阻力)。

通常 p 为相对压强，此时称 $z + p/(\rho g)$ 为测压管水头，$z + p/(\rho g) + u^2/(2g)$ 则称为总水头。故伯努利方程的几何意义为：对于重力作用下的恒定不可压缩理想流体，总水头沿流线为一常数。

3.4.2 实际流体恒定不可压缩元流的能量方程

由于实际流体具有黏性，在流动过程中内摩擦阻力做功，将消耗运动流体一部分机械能，使之不可逆地转变为热能等能量形式而耗散掉，因此实际流体流动的机械能将沿程减少。设 h'_w 为元流中单位重量流体从过流断面 $1-1$ 流至 $2-2$ 的机械能损失，也称元流的水头损失，根据能量守恒原理，可得实际流体恒定元流的伯努利方程为

$$z_1 + \frac{p_1}{\rho g} + \frac{u_1^2}{2g} = z_2 + \frac{p_2}{\rho g} + \frac{u_2^2}{2g} + h'_w \tag{3-12}$$

为了便于了解测压管水头(势能)和总水头(机械能)沿程的变化情况，可设测压管坡度和水力坡度两个参数予以度量。实际流体沿元流单位流程上的测压管水头减少量称为测压管坡度，用 J_p 表示。按定义

$$J_p = -\frac{\mathrm{d}\left(z + \dfrac{p}{\rho g}\right)}{\mathrm{d}s} \tag{3-13}$$

实际流体沿元流单位流程上的水头损失称为水力坡度，用 J 表示。按定义

$$J = \frac{\mathrm{d}h'_w}{\mathrm{d}s} = -\frac{\mathrm{d}\left(z + \dfrac{p}{\rho g} + \dfrac{u^2}{2g}\right)}{\mathrm{d}s} \tag{3-14}$$

由上式可知：理想流体流动时，$J \equiv 0$；实际流体流动时，$J > 0$；均匀流时，$J \equiv J_p$。

【例 3-2】 毕托(H. Pitot)管是将流体动能转化为势能后，通过测压计测定运动流体点流速的仪器，它是由测压管和测速管(两端开口的直角弯管)组成，如图 3.10 所示。测速时，将

弯端管口正对来流方向置于 A 点下游相距很近的 B 点,来流在 B 点受测速管的阻滞速度为零(B 点称为滞止点或驻点),动能全部转化为势能,测速管内液体保持一定高度。试根据 B、A 两点测压管水头差 $h_u = \left(z_B + \dfrac{p_B}{\rho g}\right) - \left(z_A + \dfrac{p_A}{\rho g}\right)$ 计算 A 点的流速 u。

【解】 先按理想流体讨论,将恒定元流的伯努利方程应用于 A、B 两点,有

$$z_A + \frac{p_A}{\rho g} + \frac{u^2}{2g} = z_B + \frac{p_B}{\rho g} + 0$$

则

$$u = \sqrt{2g\left[\left(z_B + \frac{p_B}{\rho g}\right) - \left(z_A + \frac{p_A}{\rho g}\right)\right]} = \sqrt{2gh_u} \tag{3-15}$$

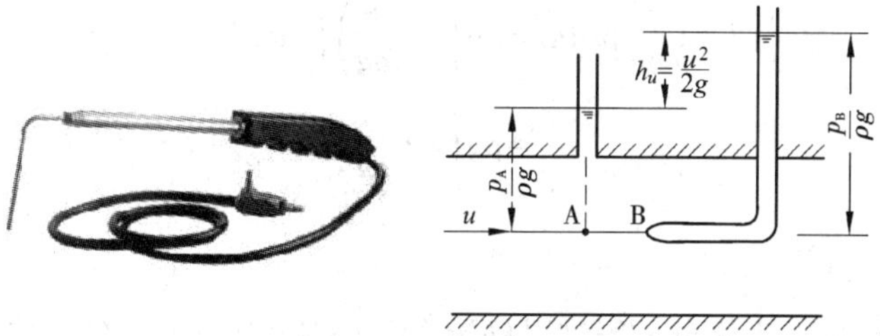

图 3.10　毕托管测点流速

再考虑实际流体黏性作用引起水头损失和测速管对流动的影响,故用式(3-15)计算 A 点流速时,尚须进行修正,即

$$u = \xi \sqrt{2gh_u} \tag{3-16}$$

式中,ξ 称为毕托管系数,其值与毕托管的构造有关,由实验确定,通常接近于 1.0。

3.4.3　实际流体恒定不可压缩总流的能量方程

前面已经得到了实际流体恒定元流的伯努利方程,但在实际工程中要求我们解决的往往是总流流动问题,如流体在管道、渠道中的流动问题,因此应通过在过流断面上积分把它推广到总流上去。

将式(3-12)各项同乘以 $\rho g \mathrm{d}Q$,得单位时间内通过元流两过流断面的全部流体的能量关系式

$$\left(z_1 + \frac{p_1}{\rho g} + \frac{u_1^2}{2g}\right)\rho g \mathrm{d}Q = \left(z_2 + \frac{p_2}{\rho g} + \frac{u_2^2}{2g}\right)\rho g \mathrm{d}Q + h_w' \rho g \mathrm{d}Q$$

因 $\mathrm{d}Q = u_1 \mathrm{d}A_1 = u_2 \mathrm{d}A_2$,代入上式后在总流过流断面上积分,可得通过总流两过流断面的总能量关系式

$$\int_{A_1}\left(z_1 + \frac{p_1}{\rho g} + \frac{u_1^2}{2g}\right)\rho g u_1 \mathrm{d}A_1 = \int_{A_2}\left(z_2 + \frac{p_2}{\rho g} + \frac{u_2^2}{2g}\right)\rho g u_2 \mathrm{d}A_2 + \int_Q h_w' \rho g \mathrm{d}Q$$

或

$$\rho g \int_{A_1}\left(z_1 + \frac{p_1}{\rho g}\right)u_1 \mathrm{d}A_1 + \rho g \int_{A_1}\frac{u_1^3}{2g}\mathrm{d}A_1$$

$$= \rho g \int_{A_2} \left(z_2 + \frac{p_2}{\rho g} \right) u_2 \mathrm{d}A_2 + \rho g \int_{A_2} \frac{u_2^3}{2g} \mathrm{d}A_2 + \rho g \int_Q h'_{\mathrm{w}} \mathrm{d}Q \qquad (3\text{-}17)$$

不难看出,上式共有三种类型的积分,现分别确定如下。

1)势能积分 $\rho g \int_A \left(z + \frac{p}{\rho g} \right) u \mathrm{d}A$

一般情况下,流体动压强在过流断面上为非线性分布,势能积分较为困难,但在渐变流过流断面上,由于流体动压强近似按流体静压强分布,即各点的 $z + \frac{p}{\rho g}$ 近似等于常数,因此,若将过流断面取在渐变流上,则势能积分

$$\rho g \int_A \left(z + \frac{p}{\rho g} \right) u \mathrm{d}A = \rho g \left(z + \frac{p}{\rho g} \right) \int_A u \mathrm{d}A$$

$$= \rho g \left(z + \frac{p}{\rho g} \right) vA = \rho g \left(z + \frac{p}{\rho g} \right) Q$$

2)动能积分 $\rho g \int_A \frac{u^3}{2g} \mathrm{d}A$

由于过流断面上的流速分布一般难以确定,工程实际中为了计算方便,常用断面平均流速 v 表示实际动能,即

$$\rho g \int_A \frac{u^3}{2g} \mathrm{d}A = \rho g \frac{\alpha v^3}{2g} A = \rho g \frac{\alpha v^2}{2g} Q$$

因用 v 代替 u 计算动能存在差异,故在式中引入了动能修正系数 α ——实际动能与按断面平均流速计算的动能之比值,即

$$\alpha = \frac{\rho g \int_A \dfrac{u^3}{2g} \mathrm{d}A}{\rho g \dfrac{v^3}{2g} A} = \frac{1}{A} \int_A \left(\frac{u}{v} \right)^3 \mathrm{d}A$$

α 值取决于过流断面上的流速分布,一般流动的 $\alpha = 1.05 \sim 1.10$,但有时可达到 2.0 或更大。在工程计算中常取 $\alpha = 1.0$。

3)水头损失积分 $\int_Q h'_{\mathrm{w}} \rho g \mathrm{d}Q$

根据积分中值定理,可得水头损失积分

$$\int_Q h'_{\mathrm{w}} \rho g \mathrm{d}Q = \rho g h_{\mathrm{w}} Q$$

式中,h_{w} 为单位重量流体在两总流过流断面间的平均机械能损失,通常称为总流的水头损失。

将势能、动能和水头损失积分结果代入式(3-17),考虑到恒定流时 $Q_1 = Q_2 = Q$,化简整理后得

$$z_1 + \frac{p_1}{\rho g} + \frac{\alpha_1 v_1^2}{2g} = z_2 + \frac{p_2}{\rho g} + \frac{\alpha_2 v_2^2}{2g} + h_{\mathrm{w}} \qquad (3\text{-}18)$$

上式即为恒定总流的伯努利方程,其物理意义和几何意义与恒定元流的伯努利方程相类似。

尚须指出,在应用式(3-18)时,两过流断面间除了水头损失外,总流应无能量的输入或输出。当总流在两过流断面间通过水泵、风机或水轮机等流体机械时,流体额外获得或失去了能量,则恒定总流的伯努利方程应作如下修正

$$z_1 + \frac{p_1}{\rho g} + \frac{\alpha_1 v_1^2}{2g} \pm H = z_2 + \frac{p_2}{\rho g} + \frac{\alpha_2 v_2^2}{2g} + h_w \tag{3-19}$$

式中: $+H$ 表示单位重量流体通过水泵、风机所获得的能量; $-H$ 表示单位重量流体通过水轮机所失去的能量。

【例3-3】 某建筑工地建有一施工用恒定供水系统,如图3.11所示。已知管道直径 $d = 200$ mm,水箱液面至管道出口断面中心的高差 $H = 5.7$ m,假定水箱截面积远大于管道截面积,供水系统总水头损失 $h_w = 5.5$ m 水柱,试求供水系统的流量 Q。

【解】 利用恒定总流的伯努利方程求解,首先做好基准面(水平面)、过流断面(渐变流)及过流断面上的计算点(任取)的选取。如图3.11所示,取渐变流过流断面:水箱液面为 $1-1$ 断面;管道出口为 $2-2$ 断面;计算点分别取在自由液面(对 $1-1$ 断面)和管轴中心点(对 $2-2$ 断面);基准面 $0-0$ 位于通过 $2-2$ 断面中心的水平面上。

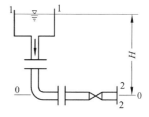

图3.11 恒定供水系统

由于水箱截面积远大于管道截面积,根据恒定总流的连续性方程可知, v_1 相对于 v_2 可略去不计。另外, p_1、p_2 对于液体流动问题和两过流断面高程差甚小的气体流动问题,取绝对压强和相对压强均可,只要两者标准一致即可(为什么? 请思考)。因本题均为大气压强,其相对压强等于零。因此,在 $1 \rightarrow 2$ 建立恒定总流的伯努利方程,有

$$H + 0 + 0 = 0 + 0 + \frac{\alpha_2 v_2^2}{2g} + h_w$$

取 $\alpha_2 = 1.0$,由上式得

$$v_2 = \sqrt{2g(H - h_w)} = \sqrt{2 \times 9.8 \times (5.7 - 5.5)} = 1.98 \text{ m/s}$$

故据恒定总流的连续性方程,可得供水系统的流量

$$Q = v_2 \frac{\pi}{4} d^2 = 1.98 \times \frac{\pi}{4} \times 0.2^2 = 0.062\,2 \text{ m}^3/\text{s} = 62.2 \text{ L/s}$$

【例3-4】 文丘里(Venturi)流量计是一种测量有压管道中液流流量的仪器,它是由光滑的收缩段、喉道和扩散段三部分组成,如图3.12所示。使用时,在收缩段进口断面和喉道断面分别安装一根测压管或连接两断面的水银压差计。设在恒定流条件下读得测压管液柱差 Δh 或水银压差计汞柱高差 h_p,试求管流流量 Q。

【解】 应用恒定总流的伯努利方程,取基准面和过流断面如图3.12所示,计算点均取在过流断面与管轴的交点。由于光滑收缩段很短,先暂时忽略水头损失 h_w,对于一般流体流动,通常取动能修正系数 $\alpha_1 = \alpha_2 = 1.0$,则有

$$z_1 + \frac{p_1}{\rho g} + \frac{v_1^2}{2g} = z_2 + \frac{p_2}{\rho g} + \frac{v_2^2}{2g}$$

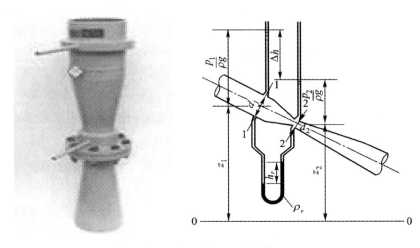

图 3.12 文丘里流量计

或

$$\left(\frac{v_2^2}{v_1^2} - 1 \right) \frac{v_1^2}{2g} = \left(z_1 + \frac{p_1}{\rho g} \right) - \left(z_2 + \frac{p_2}{\rho g} \right)$$

式中，v_2/v_1 可由恒定总流的连续性方程 $v_1 \frac{\pi}{4} d_1^2 = v_2 \frac{\pi}{4} d_2^2$ 求得，即 $v_2/v_1 = (d_1/d_2)^2$，将其代入上式，得

$$v_1 = \frac{1}{\sqrt{(d_1/d_2)^4 - 1}} \sqrt{2g\left[\left(z_1 + \frac{p_1}{\rho g} \right) - \left(z_2 + \frac{p_2}{\rho g} \right) \right]}$$

故理想流体流动的流量（即理论流量）

$$Q' = v_1 \frac{\pi}{4} d_1^2 = \frac{\frac{\pi}{4} d_1^2}{\sqrt{(d_1/d_2)^4 - 1}} \sqrt{2g\left[\left(z_1 + \frac{p_1}{\rho g} \right) - \left(z_2 + \frac{p_2}{\rho g} \right) \right]}$$

考虑到实际流体流动存在水头损失，实际流量略小于理论流量，即

$$Q = \mu Q' = \mu \frac{\frac{\pi}{4} d_1^2}{\sqrt{(d_1/d_2)^4 - 1}} \sqrt{2g\left[\left(z_1 + \frac{p_1}{\rho g} \right) - \left(z_2 + \frac{p_2}{\rho g} \right) \right]}$$

$$\tag{3-20}$$

$$= \mu \frac{\frac{\pi}{4} d_1^2}{\sqrt{(d_1/d_2)^4 - 1}} \sqrt{2g\Delta h} \quad （用测压管测势能差）$$

$$= \mu \frac{\frac{\pi}{4} d_1^2}{\sqrt{(d_1/d_2)^4 - 1}} \sqrt{2g\left(\frac{\rho_p}{\rho} - 1 \right) h_p} \quad （用水银差压计测势能差） \tag{3-21}$$

式中，μ 称为文丘里流量计系数，一般为 $0.95 \sim 0.99$。

【例 3-5】 为测定等直径有压管流上 $90°$ 弯头段的水头损失，在 A、B 两断面间接 U 形水

银压差计,如图 3.13 所示。已知水管直径 $d = 50$ mm,流量

$Q = 15$ m³/h,压差计中的水银柱高差 $h_p = 20$ mm,$\dfrac{\rho_{水银}}{\rho_水} =$

13.6。

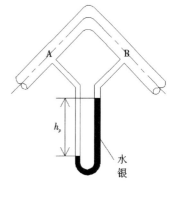

（1）试求 A、B 两断面的测压管水头差 $\left(z_A + \dfrac{p_A}{\rho_水 g}\right) -$

$\left(z_B + \dfrac{p_B}{\rho_水 g}\right)$;

（2）试判断管流流向;

（3）试求 90°弯头段的水头损失 h_w。

【解】（1）据第 2 章 U 形压差计原理知

图 3.13　90°弯管接 U 形水银压差计

$$\left(z_A + \frac{p_A}{\rho g}\right) - \left(z_B + \frac{p_B}{\rho g}\right) = \left(\frac{\rho_{水银}}{\rho_水} - 1\right)h_p = 12.6 h_p$$

$$= 12.6 \times 0.02 = 0.252 \text{ m}$$

（2）设管流由 A 流向 B,则根据恒定总流的伯努利方程,有

$$z_A + \frac{p_A}{\rho g} + \frac{\alpha_A v_A^2}{2g} = z_B + \frac{p_B}{\rho g} + \frac{\alpha_B v_B^2}{2g} + h_w$$

因为等直径有压管流,$v_A = v_B = v$,$\alpha_A = \alpha_B = \alpha$,代入上式,得

$$h_w = \left(z_A + \frac{p_A}{\rho g}\right) - \left(z_B + \frac{p_B}{\rho g}\right) = \left(\frac{\rho_{水银}}{\rho_水} - 1\right)h_p > 0$$

则假设流向正确,水流从 A 流向 B。

（3）90°弯头段的水头损失

$$h_w = \left(z_A + \frac{p_A}{\rho g}\right) - \left(z_B + \frac{p_B}{\rho g}\right) = 0.252 \text{ m}$$

3.5　恒定总流的动量方程

恒定总流的动量方程是动量守恒定律在流体力学中的数学表达式。它反映了流体运动的动量变化与作用力之间的关系,其特点在于不必知道流动范围内部的流动过程,而只须知道其边界上的流动情况即可,因此,它可用来方便地解决急变流动中流体与边界面之间的相互作用力问题。

从理论力学可知,质点系的动量定理可表述如下:在 dt 时间内,质点系的动量变化 $\sum \mathrm{d}\boldsymbol{K}$ 等于该质点系所受外力的合力 $\sum \boldsymbol{F}$ 在 dt 时间内的冲量 $\sum \boldsymbol{F}\mathrm{d}t$,即

$$\sum \mathrm{d}\boldsymbol{K} = \mathrm{d}\sum m\boldsymbol{u} = \sum \boldsymbol{F}\mathrm{d}t$$

上式是矢量方程,同时方程中不出现内力。

为了将动量定理应用到流体流动,现从恒定总流中任取一束元流,如图 3.14 所示。初始时刻在 1 – 2 位置,经 dt 时间后变形运动到 1′ – 2′ 位置。dt 时间内元流的动量变化 d$\boldsymbol{K}$ 应等于 1′ – 2′ 段与 1 – 2 段流体各质点动量的矢量和之差,但因恒定流时公共部分 1′ – 2 段的形状、位置及其动量均不随时间变化,d$\boldsymbol{K}$ 实际上也等于 2 – 2′ 段动量与 1 – 1′ 段动量之矢量差。设通过过流断面 1 – 1、2 – 2 的流速分别为 u_1 和 u_2,则 dt 时间不可压缩元流的动量变化

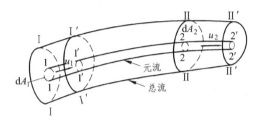

图 3.14 动量定理在流体流动中的应用

$$d\boldsymbol{K} = \rho dQ dt(\boldsymbol{u}_2 - \boldsymbol{u}_1)$$

因总流的动量变化 d$\sum \boldsymbol{K}$ 等于所有元流的动量变化之矢量和 $\sum d\boldsymbol{K}$,即

$$d\sum \boldsymbol{K} = \sum d\boldsymbol{K} = \int_{A_2} \rho dQ dt\, \boldsymbol{u}_2 - \int_{A_1} \rho dQ dt\, \boldsymbol{u}_1$$

$$= \rho dt\left(\int_{A_2} u_2 \boldsymbol{u}_2 dA_2 - \int_{A_1} u_1 \boldsymbol{u}_1 dA_1\right)$$

由于流速 u 在过流断面上的分布一般难以确定,实际工程中,对于均匀流或渐变流过流断面,通常用断面平均流速 v 代替 u 计算总流动量变化,两者引起的差异可引入动量修正系数 β——实际动量与按 v 计算的动量之比予以修正,即

$$\beta = \frac{\int_A u^2 dA}{v^2 A} \tag{3-22}$$

β 值的大小与总流过流断面上的流速分布有关,一般流动的 $\beta = 1.02 \sim 1.05$,但有时可达 1.33 或更大,在工程计算中常取 1.0。

故总流的动量变化可表示为

$$d\sum \boldsymbol{K} = \rho dt(\beta_2 \boldsymbol{v}_2 v_2 A_2 - \beta_1 \boldsymbol{v}_1 v_1 A_1)$$

若总流在流动过程中,流量保持沿程不变,即 $v_1 A_1 = v_1 A_1 = Q$,则上式改写为

$$d\sum \boldsymbol{K} = \rho Q dt(\beta_2 \boldsymbol{v}_2 - \beta_1 \boldsymbol{v}_1)$$

将其代入质点系动量定理,得

$$\rho Q(\beta_2 \boldsymbol{v}_2 - \beta_1 \boldsymbol{v}_1) = \sum \boldsymbol{F} \tag{3-23}$$

上式即为恒定总流的动量方程。其中,$\sum \boldsymbol{F}$ 为作用在总流控制体(由图 3.14 中 Ⅰ – Ⅰ – Ⅱ – Ⅱ – Ⅰ 封闭曲面或称控制面所组成)上所有外力(包括表面力和质量力中的重力)的合力。

用动量方程解题的关键往往在于如何选取控制面,一般应将控制面的一部分取在运动流

体与固体边壁的接触面上,另一部分取在均匀流或渐变流过流断面上,并使控制面封闭。

因动量方程为矢量方程,故一般是利用其在某坐标轴上的投影式进行计算。为方便起见,应使有的坐标轴垂直于非待求作用力或动量(流速)。另外,写投影式时应特别注意各项的正负号。

【例 3-6】 水流从喷嘴中以流速 v 水平射向一相距不远的铅垂固定平板,水流随即在平板上向四周散开,如图 3.15(a)所示,试求水流对平板的冲击力 F。

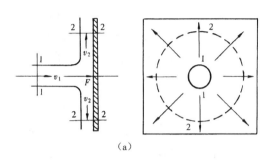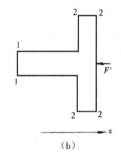

图 3.15　喷嘴射流

【解】 利用恒定总流的动量方程求解,首先应作好控制面的选取、受力分析和坐标系建立三个准备工作。如图 3.15(b)所示,取射流转向前的断面 1-1 和完全转向后的断面 2-2 (注意 2-2 断面是一个圆筒面,它应截取全部散射水流)及水流边界所包围的封闭曲面为控制面。控制面四周大气压强的作用因相互抵消,F' 为平板对射流的作用力,即为所求射流对平板的冲击力 F 的反作用力,另外,由于射流方向水平,重力可以不考虑。

若略去水流运动的机械能损失,则由恒定总流的伯努利方程可得 $v_1 = v_2 = v$。

取 x 坐标如图 3.15(b)所示,则恒定总流的动量方程在 x 方向的投影为

$$\rho Q(0 - \beta_1 v_1) = -F'$$

取动量修正系数 $\beta_1 = 1.0$,故

$$F' = \rho Q \beta_1 v_1 = \rho Q v \ (\leftarrow)$$

式中,Q 为射流流量。射流对平板的冲击力 F 与 F' 大小相等,方向相反。

【例 3-7】 如图 3.16(a)所示消防水枪喷嘴,高速水流从管道经其喷入火源。已知喷管直径从 $D = 80$ mm 收缩至 $d = 20$ mm。若消防队员持枪角度 $\alpha = 60°$,压力表读数 $p = 120$ kPa,喷嘴出口流速 $v_0 = 15$ m/s,试求消防水枪的后座力 F,假定喷嘴段水重可忽略不计。

【解】 取喷嘴段水流为控制体,如图 3.16(b)所示。控制面在流动方向 s 受力有喷嘴进口断面的动水压力 P 和消防水枪的后座力 F。在 s 方向建立恒定总流的动量方程(取 $\beta_1 = \beta_2 = 1.0$),有

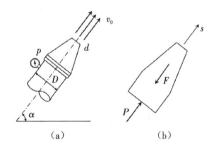

图 3.16　消防水枪喷嘴

$$\rho Q(v_0 - v) = P - F$$

式中
$$Q = v_0 \frac{\pi}{4} d^2 = 15 \times \frac{\pi}{4} \times 0.02^2 = 0.004\ 7\ \text{m}^3/\text{s}$$

$$P = p \frac{\pi}{4} D^2 = 120\ 000 \times \frac{\pi}{4} \times 0.08^2 = 603.2\ \text{N}$$

$$v = \left(\frac{d}{D}\right)^2 v_0 = \left(\frac{0.02}{0.08}\right)^2 \times 15 = 0.94\ \text{m/s}$$

故 $\qquad F = P - \rho Q(v_0 - v) = 603.2 - 1\ 000 \times 0.0047 \times (15 - 0.94) = 537.1\ \text{N}$

【例 3-8】 某平坡矩形渠道内水流越过一平顶障碍物,如图 3.17(a)所示。已知渠宽 $b = 2.0$ m,上游断面水深 $h_1 = 2.0$ m,流速 $v_1 = 0.4$ m/s,障碍物顶中部 $2-2$ 断面水深 $h_2 = 0.5$ m,试求水流对障碍物迎水面壁的冲击力 F。假设渠底摩擦力可忽略不计。

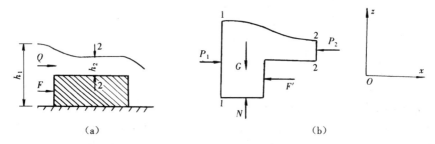

图 3.17 平坡矩形渠道水流越过平顶障碍物

【解】 利用恒定总流的动量方程求解。取渐变流过流断面 $1-1$、$2-2$ 以及水流边界所包围的封闭曲面为控制面,如图 3.17(b)所示。作用在控制面上的表面力有两过流断面上的动水压力 P_1、P_2,障碍物迎水面壁对水流的作用力 F' 以及渠底支撑反力 N,质量力有重力 G。则在 x 方向建立恒定总流的动量方程(取 $\beta_1 = \beta_2 = 1.0$),有

$$\rho Q(v_2 - v_1) = P_1 - P_2 - F'$$

式中
$$P_1 = \frac{1}{2}\rho g b h_1^2 = \frac{1}{2} \times 1\ 000 \times 9.8 \times 2.0 \times 2.0^2 = 39\ 200\ \text{N}$$

$$P_2 = \frac{1}{2}\rho g b h_2^2 = \frac{1}{2} \times 1\ 000 \times 9.8 \times 2.0 \times 0.5^2 = 2\ 450\ \text{N}$$

$$Q = v_1 b h_1 = 0.4 \times 2.0 \times 2.0 = 1.6\ \text{m}^3/\text{s}$$

$$v_2 = \frac{Q}{b h_2} = \frac{1.6}{2.0 \times 0.5} = 1.6\ \text{m/s}$$

故
$$\begin{aligned}
F' &= P_1 - P_2 - \rho Q(v_2 - v_1) \\
&= 39\ 200 - 2\ 450 - 1\ 000 \times 1.6 \times (1.6 - 0.4) \\
&= 34\ 830\ \text{N} = 34.83\ \text{kN}(\leftarrow)
\end{aligned}$$

水流对障碍物迎水面壁的作用力 F 与 F' 大小相等,方向相反。

习　题

一、单项选择题

1. 在恒定流中,流线与迹线在几何上(　　)。

A. 相交　　　　　　B. 正交　　　　　　　C. 平行　　　　　　D. 重合

2. 均匀流过流断面上各点的(　　)等于常数。

A. p　　　　　　B. $z + \dfrac{p}{\rho g}$　　　　　　C. $\dfrac{p}{\rho g} + \dfrac{u^2}{2g}$　　　　　　D. $z + \dfrac{p}{\rho g} + \dfrac{u^2}{2g}$

3. 已知不可压缩流体的流速场 $u_x = f(y,z)$,$u_y = f(x)$,$u_z = 0$,则该流动为(　　)。

A. 恒定一元流　　B. 恒定二元流　　C. 恒定三元流　　　D. 非恒定均匀流

4. 已知突然扩大管道突扩前后管段的管径之比 $\dfrac{d_1}{d_2} = 0.5$,则突扩前后断面平均流速之比 $\dfrac{v_1}{v_2} = ($　　$)$。

A. 4　　　　　　B. 2　　　　　　C. 1　　　　　　D. 0.5

5. 毕托管是测量(　　)的仪器。

A. 点流速　　　　B. 点压强　　　　C. 断面平均流速　　D. 流量

6. 文丘里管是测量(　　)的仪器。

A. 点流速　　　　B. 点压强　　　　C. 断面平均流速　　D. 流量

7. 关于水流流向的正确说法是(　　)。

A. 水一定是从高处流向低处

B. 水一定是从流速大处流向流速小处

C. 水一定是从压强大处流向压强小处

D. 水一定是从机械能大处流向机械能小处

8. 恒定渐变流过流断面上各点的(　　)近似相等。

A. 压强水头　　　B. 速度水头　　　　C. 测压管水头　　　D. 总水头

9. 下列说法中,不正确的是(　　)。

A. 恒定流的当地加速度为零

B. 均匀流的迁移加速度为零

C. 理想流体的切应力为零

D. 实际流体的法向应力为零

10. 应用恒定总流的动量方程 $\rho Q(\beta_2 v_2 - \beta_1 v_1) = \Sigma \boldsymbol{F}$ 解题时,$\Sigma \boldsymbol{F}$ 中不应包括(　　)。

A. 惯性力　　　B. 压力　　　　C. 摩擦力　　　　D. 重力

二、计算分析题

11. 某供水系统如题 11 图所示,已知圆筒水箱直径 $D = 1\,000$ mm,水管直径 $d = 100$ mm,若某时刻测得水管中断面平均流速 $v_2 = 2.0$ m/s,试求该时刻水箱中水面下降的速度 v_1。

题 11 图　　　　　　　　　　　　　　题 12 图

12. 欲设计题 12 图所示三通管分流,已知主管流量 $Q_1 = 140$ L/s,两支管的管径分别为 $d_2 = 150$ mm 和 $d_3 = 200$ mm,若要求两支管断面平均流速相等,试求两支管的流量 Q_2 和 Q_3。

13. 利用题 13 图所示毕托管原理测量输水管中流量。已知输水管直径 $d = 200$ mm,测得水银压差计读数 $h_p = 60$ mm,若此时断面平均流速 $v = 0.84\,u_{max}$,这里 u_{max} 为毕托管前管轴上未受扰动水流的速度。试求输水管中的流量 Q。

14. 某输水管路的过渡段如题 14 图所示。已知管径 $d_A = 200$ mm,$d_B = 400$ mm,相对压强 $p_A = 98$ kPa,$p_B = 49$ kPa,断面平均流速 $v_B = 1.0$ m/s,A、B 两点高差 $\Delta z = 1.0$ m。试判明管内水流流向,并计算管路过渡段的水头损失 h_w。

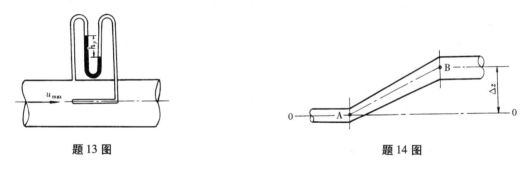

题 13 图　　　　　　　　　　　　　　题 14 图

15. 水流流经等径直角弯管,如题 15 图所示。已知管径 $d = 200$ mm,管轴上 A、B 两点高差 400 mm,U 形水银压差计读数 $h = 300$ mm,管流速度 $v = 1.5$ m/s,相对压强 $p_A = 196.0$ kPa,$\rho_{水银}/\rho_{水} = 13.6$,试求相对压强 p_B 和 A、B 两断面间的机械能损失 h_w。

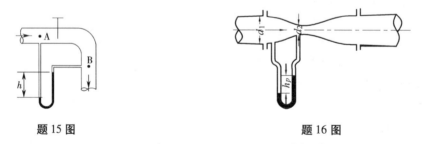

题 15 图　　　　　　　　　　　　　　题 16 图

16. 某输油管路上安装一文丘里流量计,如题 16 图所示。已知油的密度 $\rho = 850$ kg/m³,管

径 $d_1 = 200$ mm,$d_2 = 100$ mm,文丘里流量计系数 $\mu = 0.95$,水银压差计读数 $h_p = 150$ mm,试求输油管中的流量 Q。

17. 离心式通风机借集流器 A 从大气中吸入空气,如题 17 图所示。为测量通风机流量,在直径 $d = 200$ mm 的圆柱形管道部分接一根下端插入水槽中的玻璃管。若玻璃管中的水上升高度 $H = 150$ mm,试求通风机的流量 Q。空气的密度 $\rho = 1.29$ kg/m^3。

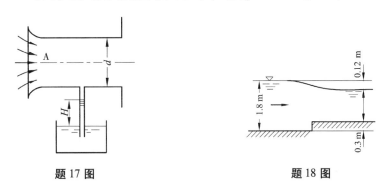

题 17 图   题 18 图

18. 为测流需要,在宽度 $b = 2.7$ m 的平底矩形断面渠道的测流段,将渠底抬高 0.3 m,如题 18 图所示。若测得抬高前的水深为 1.8 m,抬高后水面降低 0.12 m,水头损失 h_w 经率定按抬高后流速水头的一半计算,试求渠道流量 Q。

19. 水经容器壁面小孔口流出,如题 19 图所示。已知孔口直径 $d = 100$ mm,容器中水面至孔口中心的高度 $H = 3$ m,若不计能量损失,试求射流对容器的反作用力 F。

20. 如题 20 图所示流量为 Q、断面平均流速为 v 的射流,水平射向直立光滑的固定平板后分为两股。一股沿平板直泻而下,流量为 Q_1,另一股从平板顶部以倾角 θ 射出,流量为 Q_2。若不计重力和水头损失,试求:

(1)流量 Q_1、Q_2;

(2)作用在平板上的射流冲击力 F。

题 19 图   题 20 图

21. 嵌入支墩内的变截面过渡段输水管,如题 21 图所示。已知管径 $d_1 = 1\ 500$ mm,$d_2 = 1\ 000$ mm,当相对压强 $p_1 = 4$ 个工程大气压,流量 $Q = 1.8$ m^3/s 时,试求支墩所受的轴向力 F。假定水头损失可忽略不计。

22. 如题 22 图所示铅垂安装的直角弯管(管径 $d = 0.2$ m)。已知 $1-1$ 断面与 $2-2$ 断面间的轴线长 $l = 3.14$ m,两断面形心高差 $\Delta z = 2.0$ m,管中流量 $Q = 60$ L/s 时,$1-1$ 断面形心处相对压强 $p_1 = 117.6$ kN/m^2,两断面间水头损失 $h_w = 0.1$ m,试求水流对弯头的作用力 F。

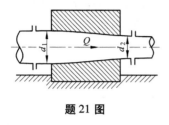

题 21 图

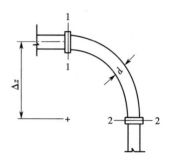

题 22 图

第4章　流动阻力与水头损失

黏性是流体的固有属性,是运动流体产生流动阻力、耗散机械能的根源。本章主要研究实际流体在恒定流动时,产生的流动阻力的规律及水头损失的计算方法。

4.1　概述

4.1.1　内流和外流

按流体与约束流动的固体边界的位置关系,可将流动分为内流和外流两种。若流体在约束流动的固体边界内部流动,称为内流,如实际工程中常见的管道流动、明渠流动等均属内流;若流体在约束流动的固体边界外部流动,则称为外流,如流体绕桥墩、汽车、船舶、飞机的流动等,故外流也称绕流。内流的流动阻力包括沿程阻力和局部阻力,它是本章讨论的重点。

4.1.2　沿程阻力与沿程水头损失

当流体在约束流动的固体边界内做均匀流动时,产生的流动阻力称为沿程阻力或摩擦阻力,而由沿程阻力做功引起的水头损失则称为沿程水头损失,以 h_f 表示。沿程水头损失沿流程均匀分布,与流程长度成正比。

4.1.3　局部阻力与局部水头损失

当约束流动的固体边界急剧改变,使流速分布发生变化而产生的流动阻力称为局部阻力,相应的水头损失称为局部水头损失,以 h_j 表示。局部水头损失一般发生在管道入口、转弯、突扩(缩)、三通、阀门等附近的局部流段上。

4.1.4　总水头损失

实际工程中,一般研究范围内大多是两种水头损失并存,机械能损失是由沿程阻力和局部阻力的共同贡献,如图 4.1 所示。因此,两过流断面间的总水头损失应为其间所有沿程水头损失和局部水头损失之和,即

$$h_w = \sum h_f + \sum h_j \qquad (4-1)$$

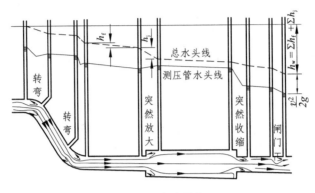

图 4.1　水头损失

4.2　流动形态及其判别

　　早在 19 世纪初,科学工作者就发现圆管中液体流动时水头损失与流速有一定关系。在流速很小时,水头损失与流速的一次方成正比;当流速增大到一定程度后,水头损失则几乎与流速的平方成正比。直到 1883 年,英国物理学家雷诺(O. Reynolds)经过实验研究发现水头损失规律之所以不同,是因为黏性流体运动存在着层流和紊流两种不同流态。

4.2.1　雷诺实验简介

　　雷诺实验装置如图 4.2 所示。由水箱 A 引出一细长透明玻璃管 B,上游端连接一光滑钟形进口,下游出口端装有阀门 C 用以调节管中流速,容器 D 盛有与水密度相近的颜色水,经细管 E 流入玻璃管中,阀门 F 可用以调节颜色水流量。

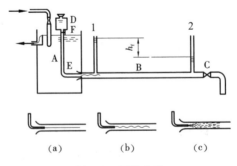

图 4.2　雷诺实验

　　实验时水箱中保持水位恒定。徐徐打开阀门 C,使玻璃管内水流流速十分缓慢,再打开阀门 F 放出少量颜色水,可观察到玻璃管中颜色水呈一细股界限分明的直流束,如图 4.2(a)所示。这一现象说明玻璃管中各层流体质点互不掺混,水流呈有序的层状运动,这种流态称为层流。当阀门 C 逐渐开至玻璃管中流速足够大时,可观察到颜色水股出现波动,如图 4.2(b)所示。继续开大阀门 C,使玻璃管中流速增至某一临界流速 v_c' 时,可观察到颜色水股突然破碎与周围清水混掺而扩散至全管,如图 4.2(c)所示。这一现象说明玻璃管中各流体质点相互掺混,水流呈无序的随机运动,这种流态称为紊流。

如果实验以相反程序进行,发现从紊流转变为层流的临界流速 v_c 小于先前从层流转变为紊流的临界流速 v_c'。流态转变的流速 v_c' 和 v_c 分别称为上临界流速和下临界流速。实验发现,上临界流速 v_c' 是不稳定的,受起始扰动的影响较大,而下临界流速 v_c 则几乎与外界扰动影响无关。

另外,通过实测数据分析,发现沿程水头损失 h_f 与断面平均流速 v 的关系。在流态为层流时,$h_f \propto v^{1.0}$;在流态为紊流时,$h_f \propto v^{1.75 \sim 2.0}$。

4.2.2　流态判别

雷诺曾用不同规格的管道对多种流体进行实验,发现流态转变的临界流速 v_c(或 v_c')与管径 d、流体密度 ρ 和动力黏度 μ 等有关。因此不难理解,若用临界流速作为流态判别将是不方便的。科学工作者通过大量的实验观测资料分析发现,与流态转变相应的无量纲量 $Re_c = \dfrac{\rho v_c d}{\mu} = \dfrac{v_c d}{\nu} \approx 2\,300$ 是一个相当稳定的数值。Re_c 称为临界雷诺数,黏性流体的流态可用实际雷诺数 Re 与其比较而判别。

对于圆管流

$$Re = \frac{\rho v d}{\mu} = \frac{v d}{\nu} \begin{cases} < 2\,300 & \text{为层流} \\ > 2\,300 & \text{为紊流} \end{cases} \tag{4-2}$$

对于明渠水流或非圆管流,通常将雷诺数中的管径 d 用表征过流断面的特征长度——水力半径 $R = \dfrac{A}{\chi}$ 代替,这里 A 为过流断面面积,χ 称为湿周,即过流断面上被液体浸湿的固壁长度。根据定义,可得圆管流水力半径

$$R = \frac{A}{\chi} = \frac{\frac{\pi}{4} d^2}{\pi d} = \frac{d}{4}$$

故相应于水力半径 R 的流态判别式为

$$Re = \frac{\rho v R}{\mu} = \frac{v R}{\nu} \begin{cases} < 575 & \text{为层流} \\ > 575 & \text{为紊流} \end{cases} \tag{4-3}$$

【例 4-1】　水流经由直径为 d_1 和 d_2 组成的变直径管段,已知管径之比 $d_2/d_1 = 2$,试求相应的雷诺数之比 Re_1/Re_2。

【解】　根据题意,变直径管段相应的运动黏度之比 $\nu_1/\nu_2 = 1$(同一流体),则流速之比

$$v_1/v_2 = \frac{\dfrac{Q}{\pi d_1^2/4}}{\dfrac{Q}{\pi d_2^2/4}} = (d_2/d_1)^2$$

故相应的雷诺数之比

$$Re_1/Re_2 = \frac{v_1 d_1/\nu_1}{v_2 d_2/\nu_2} = \frac{v_1 d_1}{v_2 d_2} = \frac{d_2}{d_1} = 2$$

4.2.3 紊流的特征

实际常见的流动大多为紊流。紊流的基本特征是流体质点在运动过程中不断地互相掺混,使得流场中各空间点的流速、压强等运动要素随时间均具有随机的脉动性。图 4.3 所示为采用激光流速仪在恒定水平圆管紊流中测得的流体质点通过某固定点 A 的 x、y 方向瞬时流速 u_x、u_y 对时间 t 的关系曲线。可以看出,流体质点的瞬时速度 u 虽然随时间不断变化,但始终围绕某一平均值 $\bar{u}$ 上下跳动,这种跳动称为脉动,跳动值 u' 称为脉动流速,平均值 $\bar{u} = \frac{1}{T}\int_0^T u\,\mathrm{d}t$ 称为时间平均流速,简称时均流速。显然,瞬时流速是由时均流速和脉动流速两部分组成,即

$$u = \bar{u} + u'$$

同理,也可将紊流的其他运动要素进行时均化处理。当引入时均化概念后,就可将紊流运动视为时均流动和脉动流动的叠加而分别予以研究。

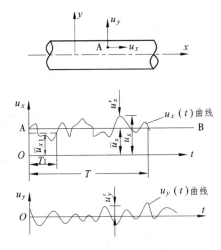

图 4.3 紊流的脉动性

严格地讲,紊流总是非恒定流。但引入时均化概念后,可按运动要素的时均值是否随时间变化,将紊流分为时均恒定流和时均非恒定流。第 3 章根据恒定流导出的流体动力学基本方程,对时均恒定流同样适用。以后本书所言紊流运动要素,概指相应的时均物理量。

4.3　沿程水头损失与切应力的关系

4.3.1　恒定均匀流基本方程

为建立恒定均匀流的水头损失 h_f 与壁面切应力 τ_w 的关系,以图 4.4 所示圆管恒定均匀流为例,在过流断面 1→2 列恒定总流的伯努利方程

$$z_1 + \frac{p_1}{\rho g} + \frac{\alpha_1 v_1^2}{2g} = z_2 + \frac{p_2}{\rho g} + \frac{\alpha_2 v_2^2}{2g} + h_f$$

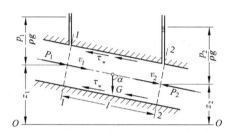

图 4.4　圆管恒定均匀流

因均匀流时,有 $\dfrac{\alpha_1 v_1^2}{2g} = \dfrac{\alpha_2 v_2^2}{2g}$,故上式改写为

$$h_f = \left(z_1 + \frac{p_1}{\rho g}\right) - \left(z_2 + \frac{p_2}{\rho g}\right) \tag{4-4}$$

再取过流断面 1-1 至 2-2 段流体为控制体,受力分析如图 4.4 所示。在流动方向列恒定总流的动量方程

$$P_1 - P_2 + G\cos\alpha - T = 0$$

将 $P_1 = p_1 A$,$P_2 = p_2 A$,$G = \rho g A l$,$\cos\alpha = \dfrac{z_1 - z_2}{l}$,$T = \tau_w \chi l$ 代入上式,整理得

$$\left(z_1 + \frac{p_1}{\rho g}\right) - \left(z_2 + \frac{p_2}{\rho g}\right) = \frac{\tau_w \chi l}{\rho g A} = \frac{\tau_w l}{\rho g R} \tag{4-5}$$

式中,χ、A、R 分别为湿周、过流面积和水力半径。联立式(4-4)和式(4-5),得

$$h_f = \frac{\tau_w l}{\rho g R} \tag{4-6}$$

或

$$\tau_w = \rho g R \frac{h_f}{l} = \rho g R J \tag{4-7}$$

式(4-6)或式(4-7)给出了圆管均匀流沿程水头损失 h_f 与壁面切应力 τ_w 的关系,它对层流和紊流均适用,称为恒定均匀流基本方程。对于明渠均匀流,按上述推导方法可得相同结论,请读者自行完成。

4.3.2　过流断面上切应力分布

采用推导式(4-6)或式(4-7)相同方法,在如图4.5所示圆管均匀流段,取半径为 r 的流束进行研究,可得过流断面上的切应力分布规律

$$\tau = \rho g \frac{r}{2} J \tag{4-8}$$

图4.5　过流断面的切应力分布

从上式不难看出,均匀流过流断面上的切应力呈线性分布,管轴 $r=0$ 处 $\tau=0$,管壁 $r=r_0$ 处, $\tau=\tau_w$。式(4-8)对层流和紊流均适用。对于层流,流体的切应力为黏性引起的牛顿内摩擦力 $\tau = \mu \dfrac{\mathrm{d}u}{\mathrm{d}y}$;对于紊流,流体的切应力由时均黏性切应力 $\overline{\tau_1} = \mu \dfrac{\mathrm{d}\overline{u}}{\mathrm{d}y}$ 和因紊流脉动引起的时均附加切应力 $\overline{\tau_2} = -\rho \overline{u'_x u'_y}$ 两部分组成,即

$$\overline{\tau} = \mu \frac{\mathrm{d}\overline{u}}{\mathrm{d}y} + (-\rho \overline{u'_x u'_y}) \tag{4-9}$$

上式中两部分切应力的大小随流动情况有所不同。当雷诺数较小即脉动较弱时,前者占优,而后者可忽略不计;随着雷诺数增加,脉动加剧,后者将逐渐加大,当雷诺数达到很大为紊流核心时,后者占优,而前者则可忽略不计。

紊流附加切应力 $\overline{\tau_2} = -\rho \overline{u'_x u'_y}$ 目前主要采用半经验理论分析处理。1925年德国学者普兰特(L. Prandtl)用比拟气体分子自由程概念,提出了混合长度理论,并由此导得

$$\overline{\tau_2} = \rho l^2 \left(\frac{\mathrm{d}\overline{u}}{\mathrm{d}y}\right)^2 \tag{4-10}$$

式中, l 称为混合长度。普兰特假定,混合长度 l 正比于质点到固壁的法向距离 y,即 $l=ky$,这里 k 为由实验决定的无量纲常数,其值等于0.4。

关于紊流附加切应力的半经验理论的详细介绍,请读者参阅有关紊流力学专著。

4.4　沿程水头损失

4.4.1　达西公式

19世纪中叶,法国工程师达西(H. Darcy)和德国水力学家魏斯巴赫(J. L. Weisbach)在前人实验的基础上,提出了计算圆管沿程水头损失的通用公式

$$h_f = \lambda \frac{l}{d} \frac{v^2}{2g} \tag{4-11}$$

上式称为达西－魏斯巴赫公式(简称达西公式)。式中:l 和 d 分别为流程长度和管径;v 为断面平均流速;λ 称为沿程阻力系数,一般与流态 Re 和管壁相对粗糙度 Δ/d(这里 Δ 为管壁的绝对粗糙度)有关,即 $\lambda = f(Re, \Delta/d)$,可通过实验确定。

对于非圆管截面,沿程水头损失公式可改写为

$$h_f = \lambda \frac{l}{4R} \frac{v^2}{2g} \tag{4-12}$$

式中,R 为水力半径。

4.4.2　沿程阻力系数的变化规律及影响因素

1. 尼古拉兹实验

为了确定沿程阻力系数 $\lambda = f(Re, \Delta/d)$ 的变化规律,1933 年德国学者尼古拉兹(J. Nikuradse)在圆管内壁黏贴上经过筛分具有相同粒径 Δ 的砂粒,以制成人工均匀颗粒粗糙度,称为人工粗糙管道,然后在不同 Δ/d 的人工粗糙管道上进行了系统实验研究。

尼古拉兹实验装置如图 4.6 所示,实验管道相对粗糙度的变化范围 $\Delta/d = 1/1\ 014 \sim 1/30$。对每根管道测出不同流量 Q 下的沿程水头损失 h_f 和水温 $t(℃)$,计算出相应的雷诺数 $Re = \dfrac{vd}{\nu}$ 和沿程阻力系数 $\lambda = \dfrac{d}{l} \dfrac{2g}{v^2} h_f$,将其点绘在对数坐标纸上,得尼古拉兹实验曲线如图 4.7 所示。

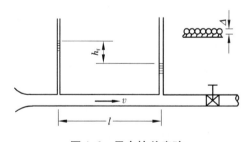

图 4.6　尼古拉兹实验

根据尼古拉兹实验曲线可知,沿程阻力系数变化可分 5 个区,分别以 Ⅰ、Ⅱ、Ⅲ、Ⅳ、Ⅴ 表示。

Ⅰ区(ab 线):层流区,$Re < 2\ 300$,实验点聚集在同一直线上,说明 λ 与相对粗糙度 Δ/d 无关,$\lambda = f(Re)$;

Ⅱ区(bc 线):层流向紊流的过渡区,也称第一过渡区,$Re = 2\ 300 \sim 4\ 000$,λ 基本上与相对粗糙度 Δ/d 无关,$\lambda = f(Re)$;

Ⅲ区(cd 线):紊流光滑区,也称水力光滑区,$Re > 4\ 000$,此时流动虽已为紊流,但相对粗糙度 Δ/d 仍对沿程阻力系数 λ 无影响,$\lambda = f(Re)$;

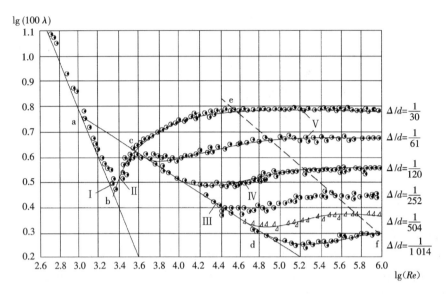

图4.7 尼古拉兹实验曲线

Ⅳ区(cd线与ef线之间的曲线族):紊流光滑区向紊流粗糙区转变的紊流过渡区,也称第二过渡区,不同Δ/d管道的实验点分别落在不同的曲线上,说明λ既与Re有关,又与Δ/d有关,即$\lambda = f(Re, \Delta/d)$;

Ⅴ区(ef线右边的水平直线族):紊流粗糙区,也称水力粗糙区或阻力平方区,不同Δ/d管道的实验点分别落在不同的水平直线上,说明λ与Re无关,只与Δ/d有关,即$\lambda = f(\Delta/d)$。

2. 紊流阻力区的判别

尼古拉兹实验揭示了圆管紊流中存在"紊流光滑区"、"紊流过渡区"和"紊流粗糙区"三个阻力区。由于各阻力区的沿程阻力系数的影响因素不尽相同,因此,只有对阻力区做出判别后,才能确定选用相应的沿程阻力系数公式。

紊流存在不同阻力区主要缘于黏性底层厚度δ_1与壁面粗糙度Δ的彼此消长。所谓黏性底层,是指位于壁面附近由黏滞力起主导作用的薄层,如图4.8所示。在黏性底层之外的流动统称为紊流核心。

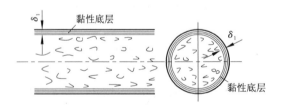

图4.8 黏性底层

黏性底层厚度可用基于实验资料的公式计算

$$\delta_1 = \frac{32.8d}{Re\sqrt{\lambda}} \tag{4-13}$$

式中:Re 为管内流动雷诺数;λ 为沿程阻力系数。黏性底层厚度虽然很薄,一般只有十分之几个 mm,但它对流动阻力或水头损失有重大影响。根据尼古拉兹实验资料,各阻力区的分区规定为

$$\left. \begin{aligned} \Delta &< 0.4\delta_1, & \text{紊流光滑区} \\ 0.4\delta_1 &< \Delta < 6.0\delta_1, & \text{紊流过渡区} \\ \Delta &> 6.0\delta_1, & \text{紊流粗糙区} \end{aligned} \right\} \tag{4-14}$$

4.4.3　沿程阻力系数计算公式

1. 人工粗糙管道

尼古拉兹根据人工粗糙管道实验资料,整理得到了层流区、紊流光滑区、紊流粗糙区沿程阻力系数计算公式。

层流区
$$\lambda = \frac{64}{Re} \tag{4-15}$$

式中,$Re = \dfrac{\rho vd}{\mu} = \dfrac{vd}{\nu}$ 为管内流动的雷诺数。上式也可根据牛顿内摩擦定律式(1-5)、恒定均匀流过流断面上的切应力分布规律式(4-8)以及圆管沿程水头损失的通用公式(4-11),采用理论分析方法得到,请读者自行推导完成。将式(4-15)代入式(4-11),可知层流区 $h_f \propto v^{1.0}$,与雷诺实验结果完全一致。

紊流光滑区
$$\frac{1}{\sqrt{\lambda}} = -2\lg\frac{2.51}{Re\lambda} \tag{4-16}$$

紊流粗糙区
$$\frac{1}{\sqrt{\lambda}} = -2\lg\frac{\Delta}{3.7d} \tag{4-17}$$

式(4-16)和式(4-17)分别称为尼古拉兹光滑区公式和粗糙区公式,均为半经验公式。将式(4-17)代入式(4-11),可知紊流粗糙区 $h_f \propto v^2$,故紊流粗糙区又称为阻力平方区。

2. 工业管道

尼古拉兹对人工粗糙管道的实验结果,一般不能直接用于未经人工粗糙处理的工业管道,原因在于工业管道的管壁粗糙情况与人工均匀粗糙不同。工业管流大多处于紊流过渡区,其沿程阻力系数实验曲线(如图 4.9)与尼古拉兹实验曲线(如图 4.7)存在较大差异。因此,如何将两种不同的粗糙形式联系起来,使尼古拉兹半经验公式能用于实际工程中使用的工业管道,将具有重要的实际意义。

柯列勃洛克(C. F. Colebrook)从 1939 年开始研究工业管道的流动阻力。他用一些典型的工业管道做阻力实验,测出工业管道在紊流粗糙区的沿程阻力系数,并比照尼古拉兹实验曲线,得到工业管道的壁面粗糙度,称为工业管道的当量粗糙度。有了当量粗糙度,尼古拉兹的半经验公式就可应用于工业管道。表 4-1 为常用工业管道的当量粗糙度。

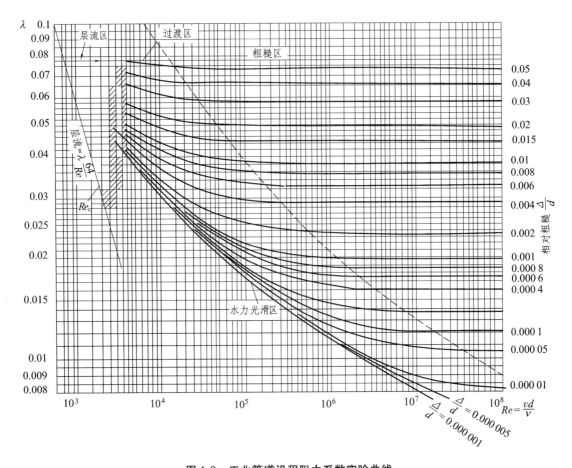

图 4.9　工业管道沿程阻力系数实验曲线

表 4-1　工业管道的当量粗糙度　　　　　　　　　　　　　　（mm）

管道材料	Δ	管道材料	Δ
无缝钢管	0.014 ~ 0.20	水泥管	0.5
焊接钢管	0.06 ~ 1.0	混凝土管	0.3 ~ 3.0
铸铁管	0.3 ~ 1.2	新氯乙烯管	0 ~ 0.002

　　柯列勃洛克将式（4-16）和式（4-17）合并在一起，得到了紊流过渡区的沿程阻力系数经验公式

$$\frac{1}{\sqrt{\lambda}} = -2\lg\left(\frac{2.51}{Re\sqrt{\lambda}} + \frac{\Delta}{3.7d}\right) \tag{4-18}$$

上式称为柯列勃洛克公式，与工业管流实测结果符合良好。由于式（4-18）同时考虑了紊流光

滑区和紊流粗糙区的流动情况,因此该式被认为是计算紊流沿程阻力系数的通用公式,在工业管流计算中广泛应用。但柯列勃洛克公式对于要求解的 λ 是一个隐函数,为了求解方便,齐恩(A. K. Jain)于 1976 年将其改为下列显式公式

$$\lambda = \frac{1.325}{\left[\ln\left(\dfrac{\Delta}{3.7d} + \dfrac{5.74}{Re^{0.9}}\right)\right]^2} \tag{4-19}$$

上式在 $10^{-6} \leqslant \Delta/d \leqslant 10^{-2}, 5 \times 10^3 \leqslant Re \leqslant 10^8$ 时,与柯列勃洛克公式计算结果相差不到 1%。

4.4.4 经验公式

除了上述的半经验公式外,还有许多根据实验资料整理而成的经验公式,以下介绍几个应用广泛的公式。

1. 布拉休斯(H. Blasius)公式

1913 年德国水力学家布拉休斯在总结前人实验资料的基础上,提出了紊流光滑区经验公式

$$\lambda = \frac{0.3164}{Re^{0.25}} \tag{4-20}$$

上式形式简单,计算方便,在 $Re < 10^5$ 范围内有较高精度,在实际中应用较广。将式(4-20)代入达西公式(4-11),可知紊流光滑区 $h_f \propto v^{1.75}$。

2. 谢齐(A. Chezy)公式

将 $d = 4R$,$J = h_f/l$ 代入达西公式(4-11),整理得

$$v = \sqrt{\frac{8g}{\lambda}} \sqrt{RJ} = C\sqrt{RJ} \tag{4-21}$$

上式最初并不是由式(4-11)导出的,而是由法国工程师谢齐于 1775 年根据明渠均匀流实测资料提出来的,称为谢齐公式。式中,$C = \sqrt{\dfrac{8g}{\lambda}}$ 称为谢齐系数。通常,谢齐系数 C 采用经验公式计算,其中最著名的是爱尔兰工程师曼宁(R. Manning)于 1889 年提出的经验公式

$$C = \frac{1}{n}R^{1/6} \tag{4-22}$$

上式称为曼宁公式,式中:n 为综合反映壁面对水流阻滞作用的粗糙系数,见表 4-2;R 为水力半径,m。曼宁公式形式简单,对于 $n < 0.020$,$R < 0.5$m 范围的管道和较小渠道,计算结果与实测资料符合良好,至今仍为各国工程界广泛采用。

尚须指出,就谢齐公式而言,可用于有压或无压均匀流的各阻力区,但由于计算谢齐系数 C 的曼宁公式只包含 n 和 R,与雷诺数 Re 无关,因此,采用曼宁公式计算 C 的谢齐公式在理论上仅适用于紊流粗糙区。

表 4-2　各种不同粗糙壁面的粗糙系数 n

等级	槽壁种类	n
1	玻璃管、涂敷珐琅或釉质的表面、精细刨光而拼接良好的木板	0.009
2	刨光的木板、纯水泥浆抹面	0.010
3	水泥(含1/3细沙)浆抹面、安装而拼接良好的新铸铁管和钢管	0.011
4	未刨光但拼接良好的木板、正常情况下无显著积垢的给水管、极洁净的排水管、极好的混凝土面	0.012
5	琢石砌体、极好的砖砌体、正常情况下的排水管、略微污染的给水管、非完全精密拼接的未刨光木板	0.013
6	"污染"的给水管和排水管、一般的砖砌体、一般情况下的混凝土面	0.014
7	粗糙的砖砌体、未琢磨的石砌体、极污垢的排水管	0.015
8	状况满意的普通块石砌体和旧破砖砌体、较粗糙的混凝土面、开凿极好的岸崖	0.017
9	覆有坚厚淤泥层的渠槽,用致密黄土和致密卵石做成而为整片淤泥薄层所覆盖的良好渠槽	0.018
10	粗糙的块石砌体,大块石干砌体、卵石铺筑面,纯由岩石中开凿的渠槽,由黄土、致密卵石和致密泥土做成而为淤泥薄层所覆盖的渠槽(正常情况下)	0.020
11	尖角的大块石铺筑,表面经过普通处理的崖石渠槽,致密黏土渠槽,由黄土、卵石和泥土做成而为非整片淤泥薄层所覆盖的渠槽,中等养护的大型渠槽	0.022 5
12	中等养护的大型土渠、良好养护的小型土渠、情况极好的小河和溪涧(自由流动且无淤塞和显著水草等)	0.025
13	中等条件的小渠道、中等条件以下的大渠道	0.027 5
14	条件较坏的渠道和小河(如部分渠底有水草、乱石或有局部岸坡坍塌等)	0.030
15	条件很坏的渠道和小河(断面不规则,有水草或石块阻塞,流水不畅等)	0.035
16	条件极坏的渠道和小河(沿线有崩崖巨石、绵密树根、深潭、坍岸等)	0.040

【例 4-2】　已知某给水管长 $l = 500$ m,直径 $d = 200$ mm,管壁粗糙度 $\Delta = 0.1$ mm,输送流量 $Q = 10$ L/s,水的运动黏度 $\nu = 0.013\ 1$ cm^2/s,试求该管段的沿程水头损失 h_f。

【解】　断面平均流速　$v = \dfrac{Q}{\pi d^2/4} = \dfrac{0.01}{3.14 \times 0.2^2/4} = 0.318$ m/s

雷诺数　　　　　$Re = \dfrac{vd}{\nu} = \dfrac{0.318 \times 0.2}{0.013\ 1 \times 10^{-4}} = 48\ 550 > 2\ 300$

管中流动为紊流,由齐恩公式(4-19)计算沿程阻力系数

$$\lambda = \dfrac{1.325}{\left[\ln\left(\dfrac{\Delta}{3.7d} + \dfrac{5.74}{Re^{0.9}}\right)\right]^2}$$

$$= \dfrac{1.325}{\left[\ln\left(\dfrac{0.1}{3.7 \times 200} + \dfrac{5.74}{48\ 550^{0.9}}\right)\right]^2} = 0.022\ 7$$

该管段的沿程水头损失

$$h_f = \lambda \dfrac{l}{d}\dfrac{v^2}{2g} = 0.022\ 7 \times \dfrac{500}{0.2} \times \dfrac{0.318^2}{2 \times 9.8} = 0.293 \text{ m}$$

【例4-3】 已知某钢筋混凝土输水管管径 $d = 250$ mm,管壁粗糙系数 $n = 0.014$,测得管长 $l = 350$ m 的水头损失 $h_f = 3.05$ m,试求管中流量 Q。

【解】 据题设条件,联立谢齐公式(4-21)和曼宁公式(4-22)求管中流速

$$v = C\sqrt{RJ} = \frac{1}{n}\left(\frac{d}{4}\right)^{2/3}\left(\frac{h_f}{l}\right)^{1/2}$$

$$= \frac{1}{0.013} \times \left(\frac{0.25}{4}\right)^{2/3} \times \left(\frac{3.05}{350}\right)^{1/2} = 1.13 \text{ m/s}$$

则管中流量

$$Q = v\frac{\pi}{4}d^2 = 1.13 \times \frac{3.14}{4} \times 0.25^2 = 0.055\ 4\ \text{m}^3/\text{s} = 55.4\ \text{L/s}$$

4.5 局部水头损失

流体流经如图 4.10 所示各种局部阻碍,如突然扩大、突然缩小、三通、弯道等时,局部流段上均匀流动受到破坏,流速分布急剧变化,引起主流脱离边壁,形成漩涡区,产生局部阻力,造成局部水头损失。

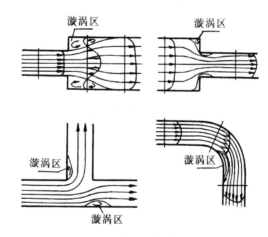

图 4.10 流体流经各种局部阻碍

局部水头损失和沿程水头损失一样,其通用计算公式可写成速度水头的倍数,即

$$h_j = \zeta\frac{v^2}{2g} \tag{4-23}$$

式中,ζ 称为局部阻力系数,理论上应与局部阻碍处的流态和干扰形式有关。但由于局部阻碍的强烈扰动作用,流动在较小的雷诺数时就已经达到充分紊动。因此,本书只讨论充分紊动条件下的局部水头损失,此时雷诺数的变化基本上不对局部阻力系数产生影响,即 ζ 只取决于局部干扰形式。

实际工程中,局部阻碍的形式繁多,流动现象极其复杂,局部阻力系数多由实验确定,以下

介绍几种典型的局部水头损失计算。

4.5.1 截面突然扩大

图 4.11 所示管道截面突然扩大,在突扩后局部流段流体与边壁分离并形成漩涡区。从过流断面 1→2 列恒定总流的伯努利方程,得

$$h_j = (z_1 + \frac{p_1}{\rho g}) - (z_2 + \frac{p_2}{\rho g}) + (\frac{\alpha_1 v_1^2}{2g} - \frac{\alpha_2 v_2^2}{2g}) \qquad (4\text{-}24)$$

式中,符号的意义如图 4.11 所示。其中,h_j 为突然扩大局部水头损失,因 1 - 1 至 2 - 2 断面间距离较短,其沿程水头损失可略去不计。

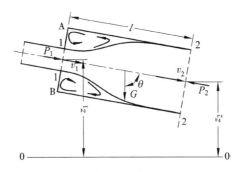

图 4.11　截面突然扩大

对 AB22A 控制体,列流动方向的动量方程

$$P_1 - P_2 - T - G\cos\theta = \rho Q(\beta_2 v_2 - \beta_1 v_1) \qquad (4\text{-}25)$$

式中:P_1 为流体作用在 AB 面上的总压力,实验表明,该断面上压强符合流体静压强分布规律,故 $P_1 = p_1 A_2$;作用在 2 - 2 面上的总压力 $P_2 = p_2 A_2$;管壁摩擦力 T 忽略不计;重力在流动方向的分量 $G_1\cos\theta = \rho g A_2(z_1 - z_2)$。将前述各力代入式(4-25),联立式(4-24),取 $\alpha_1 = \alpha_2 = \beta_1 = \beta_2 = 1$,整理得

$$h_j = \frac{(v_1 - v_2)^2}{2g} \qquad (4\text{-}26)$$

上式即为截面突然扩大的局部水头损失计算式,又称为包达(Borda)公式。

将连续性方程 $v_1 A_1 = v_2 A_2$ 代入上式,可将其改写为局部水头损失的一般表达形式,即

$$h_j = (1 - \frac{A_1}{A_2})^2 \frac{v_1^2}{2g} = \zeta_1 \frac{v_1^2}{2g} \qquad (4\text{-}27)$$

或

$$h_j = (\frac{A_2}{A_1} - 1)^2 \frac{v_2^2}{2g} = \zeta_2 \frac{v_2^2}{2g} \qquad (4\text{-}28)$$

式中,局部阻力系数 ζ_1、ζ_2 分别与突扩前后两个断面平均流速相对应。

当流体在淹没情况下由管道流入断面很大的容器时,因 $A_1/A_2 \approx 0$,由式(4-27)得,$\zeta_1 = 1.0$,称为管道出口局部阻力系数。

4.5.2　截面突然缩小

$$h_{\text{j}} = 0.5\left(1 - \frac{A_2}{A_1}\right)\frac{v_2^2}{2g} \tag{4-29}$$

4.5.3　管道进口

管道进口局部水头损失采用式(4-23)计算,其局部阻力系数 ζ 与进口形式有关,如图4.12所示。

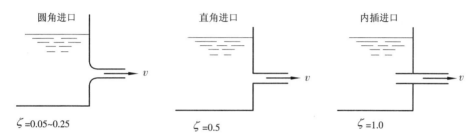

圆角进口　　　　　　　直角进口　　　　　　　内插进口

$\zeta = 0.05 \sim 0.25$　　　　　　$\zeta = 0.5$　　　　　　$\zeta = 1.0$

图 4.12　管道进口局部阻力系数

其他局部水头损失的计算可查有关水力计算手册。应该指出,设计手册中给出的局部阻力系数是在局部阻碍前后有足够长的均匀流段的条件下,并不受其他干扰而由实验测得的。一般采用这些系数计算时,要求各局部阻碍之间有一段间隔,其长度不得小于 3 倍管径,否则应另行实验测定。

【例4-4】　已知图4.13所受突扩管段的流速分别为 v_1 和 v_2,试求相距 l 的两过流断面间的测压管水头差 h(假设沿程水头损失可忽略不计)。

【解】　从过流断面 $1 \to 2$ 列基于 $2-2$ 基准面的伯努利方程(取动能修正系数 $\alpha_1 = \alpha_2$)

$$l + \frac{p_1}{\rho g} + \frac{v_1^2}{2g} = 0 + \frac{p_2}{\rho g} + \frac{v_2^2}{2g} + h_{\text{j}}$$

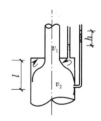

图 4.13　突扩管流

式中,
$$\left(0 + \frac{p_2}{\rho g}\right) - \left(l + \frac{p_1}{\rho g}\right) = h$$

$$h_{\text{j}} = \frac{(v_1 - v_2)^2}{2g}(\text{包达公式})$$

故得相距 l 的两过流断面间的测压管水头差

$$h = \frac{v_2(v_1 - v_2)}{g}$$

【例4-5】　图4.14所示由高水箱向低水箱输水。已知 $l_1 = 30$ m, $d_1 = 150$ mm, $\lambda_1 = 0.030$, $H_1 = 5$ m;$l_2 = 50$ m, $d_2 = 250$ mm, $\lambda_2 = 0.025$, $H_2 = 3$ m;局部阻力系数:进口 $\zeta_{\text{进}} = 0.5$,出

口 $\zeta_{\text{出}} = 1.0$。试求管路系统的输水流量 Q。

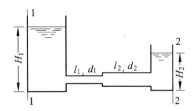

图 4.14 高水箱向低水箱输水

【解】 在过流断面 1→2 列伯努利方程

$$H_1 + 0 + 0 = H_2 + 0 + 0 + (\zeta_e + \lambda_1 \frac{l_1}{d_1}) \frac{v_1^2}{2g} + \frac{(v_1 - v_2)^2}{2g} + (\lambda_2 \frac{l_2}{d_2} + \zeta_{se}) \frac{v_2^2}{2g}$$

根据连续性方程得 $v_2 = v_1 \frac{A_1}{A_2} = v_1 (\frac{d_1}{d_2})^2$，将其代入上式，整理得

$$v_1 = \sqrt{\frac{2g(H_1 - H_2)}{\zeta_e + \lambda_1 \frac{l_1}{d_1} + (1 - \frac{d_1^2}{d_2^2})^2 + (\lambda_2 \frac{l_2}{d_2} + \zeta_{se})(\frac{d_1}{d_2})^4}}$$

$$= \sqrt{\frac{2 \times 9.8 \times (5 - 2)}{0.5 + 0.030 \times \frac{30}{0.15} + (1 - \frac{0.15^2}{0.25^2})^2 + (0.025 \times \frac{50}{0.25} + 1.0) \times (\frac{0.15}{0.25})^4}}$$

$$= 2.77 \text{ m/s}$$

则输水流量

$$Q = v_1 \frac{\pi}{4} d_1^2 = 2.77 \times \frac{3.14}{4} \times 0.15^2 = 0.049 \text{ m}^3/\text{s}$$

4.6 边界层及绕流阻力

实际工程中，除流体在管道或渠槽中的流动，即所谓内流问题外，还有外流问题。如河水绕过桥墩、风吹过建筑物、船舶在水中航行、飞机在大气中飞行以及粉尘或泥沙在空气或水中沉降等就是外流问题，外流问题也称绕流问题。

本节主要介绍流体绕经物体流动的绕流阻力及其相关概念。

4.6.1 边界层

当流速较大的黏性流体平行绕经平板如图 4.15 所示流动时，紧贴物体表面的一层流体，流速 u_x 为零，而沿物体法线方向，流速在很小的距离内快速增大到接近于来流速度 U_∞。由此可见，流经物体的流场，存在两个性质不同的流动区域：物体边壁附近的薄层内，流速梯度 du_x/dy 很大，黏性的影响不能忽略，边壁附近的这个流区称为边界层区；边界层以外的流区，

流速梯度 du_x/dy 近似为零,黏性的影响可以忽略,即可将其视为理想流体运动。于是,黏性流体的求解可只限于边界层内,而边界层以外的流区则可按势流求解。

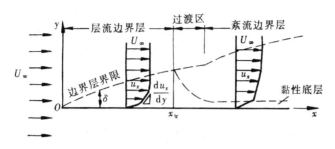

图 4.15　黏性流体平行绕经平板的边界层

因边界层内为黏性流动,必然存在层流和紊流两种流动形态。在边界层的前部,由于厚度 δ 较小,因此流速梯度很大,流动受黏滞力控制,边界层内流动为层流,其边界层称为层流边界层。随着流动距离的增加,边界层逐渐增厚,流速梯度减小,黏性影响减弱,最终在某一断面流态转变为紊流,从而形成紊流边界层。与圆管紊流一样,在紊流边界层靠近边壁附近也存在一黏性占优的薄层——黏性底层。

边界层概念是 1904 年由德国力学家普兰特首先提出来的,它是现代流体力学发展的一个重要标志,沿程阻力与边界层的流动特点有关,局部阻力与边界层的分离有关,绕流阻力则与边界层的流动特点和分离均有关。

4.6.2　边界层分离

图 4.15 所示均匀来流平行绕经平板的边界层流动,是边界层流动中一种最简单的情况,但当流体流过非平行平板或非流线型物体时,情况将大不相同,现以绕无限长圆柱的流动如图 4.16 为例加以说明。

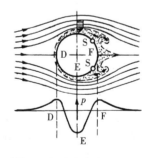

图 4.16　边界层分离

当理想流体流经圆柱体时,由 D 点至 E 点速度渐增、压强渐减,直到 E 点速度最大,压强最小。而由 E 点往 F 点流动时,速度、压强沿程变化规律正好相反,在 F 点恢复至 D 点的流速、压强。但在黏性流体中,由于边界层内黏性阻力作用,流体在由 D 到 E 的流程中损耗了大量的动能,以致其不能克服由 E 到 F 的压力升高,造成流体质点在压力升高的 EF 区段某处 S 点动能消耗殆尽,使边界层内 S 点流体在逆压梯度($\partial p/\partial x > 0$)作用下开始发生回流,导致边界层脱离固壁表面,这种现象称为边界层分离。

边界层开始与固壁的分离点 S 叫分离点。分离点之前接近固壁的流体质点沿边界外法线方向的流速梯度 $(\partial u/\partial y)\big|_{y=0} > 0$,而在分离点之后,由于回流,流速梯度 $(\partial u/\partial y)\big|_{y=0} < 0$,在分离点 S,$(\partial u/\partial y)\big|_{y=0} = 0$。

边界层分离后,回流立即产生漩涡,绕流物体尾部流动图形大为改变。由于流体黏性和漩涡的共同影响,在圆柱表面上的压强分布不再是如图 4.16 所示的对称分布,而是圆柱下游面的压强显著降低并在分离点后形成负压区。这样,圆柱上下游面压强沿流动方向的合力指向下游,形成压差阻力。压差阻力因与绕流物体的形状有关,故又称为形状阻力。显然,绕流物体的尾部漩涡区越小,或边界层分离点越靠近下游,压差阻力越小。工程中为减小绕流物体的压差阻力,通常将其设计成流线型体。

4.6.3 绕流阻力

黏性流体作用在绕流物体上的绕流阻力 F_D 包括摩擦阻力和压差阻力两部分。1726 年牛顿提出了绕流阻力计算公式

$$F_D = C_D A \frac{\rho U_\infty^2}{2} \tag{4-32}$$

式中:ρ 为流体密度;U_∞ 为未受扰动的来流流体与绕流物体的相对速度;A 为绕流物体与来流正交的投影面积;C_D 为绕流阻力系数,其值主要取决于绕流物体的形状和雷诺数,一般由实验确定。

对于小圆球体,绕流阻力系数可用郭俊克等于 1992 年提出的公式

$$C_D = \frac{24}{Re} \left[1 + \frac{Re}{2} + \left(\frac{Re}{54} \right)^{8/3} \right]^{3/8} \tag{4-33}$$

确定。其他物体的绕流阻力系数可查阅有关设计手册。

习　题

一、单项选择题

1. 边长为 a 的有压方管与直径为 a 的有压圆管的水力半径之比 $R_方/R_圆$（　　　）。

A. >1　　　　　　B. $=1$　　　　　　C. <1　　　　　　D. 无法确定

2. 已知边长为 a 的有压方管与直径为 a 的有压圆管的管长、流量、沿程阻力系数均相等,则其相应的沿程水头损失之比 $h_{f_方}/h_{f_圆}$（　　　）。

A. >1　　　　　　B. $=1$　　　　　　C. <1　　　　　　D. 无法确定

3. 已知某变径有压管段的管径之比 $d_1/d_2 = 0.5$,则相应的雷诺数之比 $Re_1/Re_2 = （　　　）$。

A. 1　　　　　　B. 2　　　　　　C. 3　　　　　　D. 4

4. 水深 h 等于半径 r_0 的半圆形明渠的水力半径 $R = （　　　）r_0$。

A. 1/2　　　　　　B. 1/3　　　　　　C. 1/4　　　　　　D. 1/5

5. 圆管层流运动过流断面上的最大流速 u_{max} 与平均流速 v 之比 $u_{max}/v = （　　　）$。

A. 4　　　　　　B. 3　　　　　　C. 2　　　　　　D. 1

6. 下列关于沿程水头损失 h_f 与断面平均流速 v 的关系,不正确的是（　　　）。

A. 层流区,$h_f \propto v^{1.0}$　　　　　　B. 紊流光滑区,$h_f \propto v^{1.75}$

C. 紊流过渡区,$h_f \propto v^{1.5}$　　　　　　D. 紊流粗糙区,$h_f \propto v^{2.0}$

7. 若在同一长直等径管道中用不同流体进行实验,当流速相等时,其沿程水头损失 h_f 在（　　）是相同的。

A. 层流区　　　　B. 紊流光滑区　　　　C. 紊流过渡区　　　　D. 紊流粗糙区

8. 当流动处于紊流粗糙区时,管径 $d_1 =$（　　）mm 的镀锌钢（$\Delta_1 = 0.25$ mm）与管径 $d_2 = 300$ mm 的铸铁管（$\Delta_2 = 0.30$ mm）的沿程阻力系数相等。

A. 150　　　　B. 200　　　　C. 250　　　　D. 300

9. 下列关于流体切应力的说法中,不正确的为（　　）。

A. 静止流体,$\tau = 0$　　　　　　　　B. 理想流体,$\tau = 0$

C. 层流运动流体,$\tau = 0$　　　　　　D. 紊流运动流体,$\tau = \mu \dfrac{\mathrm{d}u}{\mathrm{d}y} + \rho l^2 \left(\dfrac{\mathrm{d}u}{\mathrm{d}y}\right)^2$

10. 对于圆管均匀流,其管壁切应力 $\tau_0 =$（　　）。

A. $\dfrac{\lambda}{8} \rho v^2$　　　　B. $\dfrac{\lambda}{8} v^2$　　　　C. $\sqrt{\dfrac{\lambda}{8}} \rho v$　　　　D. $\sqrt{\dfrac{\lambda}{8}} v$

二、计算分析题

11. 已知某矩形断面排水沟的水深 $h = 15$ cm,底宽 $b = 20$ cm,流速 $v = 15$ cm/s,若水温为 15 ℃,试判断其流态。

12. 油在圆管中做恒定均匀流动,已知油的运动黏度 $\nu = 45 \times 10^{-6}$ m²/s,流量 $Q = 2$ L/s,如欲使管流保持为层流运动,试求管道直径 d。

13. 有一长 $l = 3$ m、管径 $d = 2$ cm 的输油管道,已知油的运动 $\nu = 0.35$ cm²/s,流量 $Q = 2.5 \times 10^{-4}$ m³/s,试求该管段的沿程水头损失 h_f。

14. 有一条水平敷设的输水管道,已知管径 $d = 2$ cm,在长度 $l = 20$ m 的管段两端各安装有一根测压管,读得两测压管水位差为 $h = 15$ cm,试求该管壁的流动切应力 τ_0。

15. 应用细管式黏度计测定油的黏度。如题 15 图所示,已知细管直径 $d = 6$ mm,在长度 $l = 2$ m 的管段上的水银压差计读数 $h = 18$ cm,细管内通过流量 $Q = 7.7$ cm³/s,水银的密度 $\rho_{泵} = 13\,600$ kg/m³,油的密度 $\rho_{油} = 900$ kg/m³,试求油的运动黏度 ν 和动力黏度 μ。

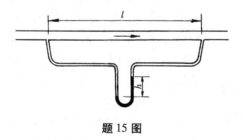

题 15 图

16. 已知某铸铁输水管长 $l = 1\,000$ m,管径 $d = 300$ mm,粗糙度 $\Delta = 1.2$ mm,水温为 10 ℃,试求沿程水头损失 $h_f = 7.05$ m 时所通过的流量 Q。

17. 已知钢筋混凝土输水管道的水力半径 $R = 500$ mm,水以均匀流流过 1 km 长度上的水头损失 $h_f = 1.0$ m,管壁粗糙系数 $n = 0.014$,试求管中的流速 v 和流量 Q。

18. 若流速由 v_1 分两次突然扩大变为 v_2，如题 18 图所示，试问中间段流速 v 取何值时局部水头损失最小？相应的局部水头损失为多少？并与一次突然扩大的局部水头损失进行比较。

19. 试率定题 19 图所示逐渐扩大管段（$d = 75$ mm, $D = 150$ mm）的局部水头损失公式 $h_j = \zeta \dfrac{(v_1 - v_2)^2}{2g}$ 中的阻力系数 ζ。已知 $p_1 = 68.6$ kPa, $p_2 = 137.2$ kPa, $l = 1.5$ m，通过流量 $Q = 56.6$ L/s。

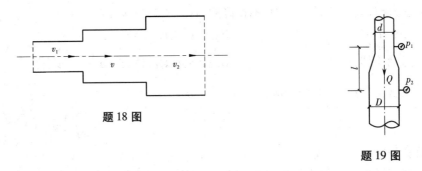

题 18 图

题 19 图

20. 水从封闭容器 A 经直径 $d = 25$ mm、长度 $l = 10$ m 的管道流入容器 B。如题 20 图所示，已知容器 A 内水面上的相对压强 $p_1 = 196$ kPa, $H_1 = 1$ m, $H_2 = 5$ m，沿程阻力系数 $\lambda = 0.025$，局部阻力系数的进口 $\zeta_1 = 0.5$，阀门 $\zeta_2 = 4.0$，弯道 $\zeta_3 = 0.3$，出口 $\zeta_4 = 1.0$，试求管路的通过流量 Q。

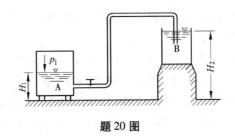

题 20 图

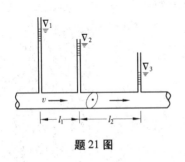

题 21 图

21. 为测定蝶阀的局部阻力系数，在蝶阀的上、下游装设三个测压管，其间距 $l_1 = 1$ m, $l_2 = 2$ m。如题 21 图所示，若实验管径 $d = 50$ mm，测得测压管水位标高 $\nabla_1 = 150$ cm, $\nabla_2 = 125$ cm, $\nabla_3 = 40$ cm，流速 $v = 3$ m/s，试求蝶阀的局部阻力系数 ζ。

22. 已知某圆柱形烟囱，高 $H = 40$ m，直径 $d = 600$ mm，试求风速 $U_\infty = 20$ m/s（气温 $t = 20$ ℃，密度 $\rho = 1.2$ kg/m³，绕流阻力系数 $C_D = 1.2$）吹过时，烟囱所受的阻力 F_D。

第5章 孔口、管嘴和有压管道恒定流动

本章将应用连续性方程、伯努利方程和水头损失等知识点,讨论工程中常见的有压管道恒定流动的水力计算问题。

流体沿管道满管流动的水力现象称为有压管流,它是工程中流体输运的主要方式。在有压管流的水力计算中,通常根据沿程水头损失和局部水头损失在总水头损失中所占比重不同(可用流程长度 l 和管径 d 之比区分),将有压管道分为孔口($l/d \leqslant 2$)、管嘴($l/d = 3 \sim 4$)、短管($4 < l/d < 1\,000$)和长管($l/d > 1\,000$)等几类。其中,长管水力计算又可根据管路系统的组合情况,分为简单管路、串联管路、并联管路等计算。

5.1 孔口及管嘴恒定出流

流体经过孔口及管嘴出流是实际工程中广泛应用的问题。本节应用前述流体力学的基本理论分析孔口及管嘴出流的计算原理。

5.1.1 孔口出流的计算

如图 5.1 所示,液体在水头 H 的作用下从器壁孔口流入大气,或是如图 5.2 所示的流体在压强差 $\Delta p = p_1 - p_2$ 的作用下经过孔口出流,均称为孔口出流。前者称为自由式出流,而后者称为淹没式出流。另外,若出流流体与孔口边壁成线状接触($l/d \leqslant 2$),则称为薄壁孔口。如图 5.1,当 $d/H \leqslant 0.1$,称为小孔口;$d/H > 0.1$ 称为大孔口。这里主要讨论薄壁小孔口出流情况。

1)薄壁小孔口恒定出流

以图 5.1 为例,当流体流经薄壁孔口时,由于流线不能突然折转,故从孔口流出后形成流束直径为最小的收缩断面 $c - c$,其面积 A_c 与孔口面积 A 之比称为孔口收缩系数,用 ε 表示,即

$$\varepsilon = \frac{A_c}{A} \tag{5-1}$$

对图示的 $1 - 1$ 和 $c - c$ 断面列伯努利方程

$$H + \frac{p_a}{\gamma} + \frac{\alpha_0 v_0^2}{2g} = 0 + \frac{p_c'}{\gamma} + \frac{\alpha_c v_c^2}{2g} + h_w$$

因为水箱内水头损失与经孔口的局部水头损失比较可以忽略,故

$$h_w = h_j = \zeta_0 \frac{v_c^2}{2g}$$

式中,ζ_0 为流经孔口的局部阻力系数。

在小孔口自由出流情况下，c—c 断面处的绝对压强近似等于大气压强 $p_c' \approx p_a$，于是伯努利方程可改写为

$$H + \frac{\alpha_0 v_0^2}{2g} = (\alpha_c + \zeta_0)\frac{v_c^2}{2g}$$

因 $\frac{\alpha_0 v_0^2}{2g} \approx 0$，则上式整理得

$$v_c = \frac{1}{\sqrt{a_c + \zeta_0}}\sqrt{2gH} = \varphi\sqrt{2gH} \qquad (5\text{-}2)$$

式中，$\varphi = \frac{1}{\sqrt{a_c + \zeta_0}} \approx \frac{1}{\sqrt{1 + \zeta_0}}$，称为孔口流速系数。

经过孔口的流量

$$Q = v_c A_c = \varepsilon A \varphi\sqrt{2gH} = \mu A\sqrt{2gH} \qquad (5\text{-}3)$$

式中，$\mu = \varepsilon\varphi$ 称为孔口的流量系数。

对于图 5.2 的孔口出流，只要将式(5-2)中的 gH 换成 $\Delta p/\rho$ 即可（其理由留给读者分析）。由此得出在压差 Δp 作用下的孔口出流公式为

$$v_c = \varphi\sqrt{2\frac{\Delta p}{\rho}} \qquad (5\text{-}4)$$

$$Q = \mu A\sqrt{2\frac{\Delta p}{\rho}} \qquad (5\text{-}5)$$

式中，$\Delta p = p_1 - p_2$，参见图 5.2。

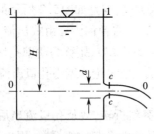

图 5.1　自由式孔口出流

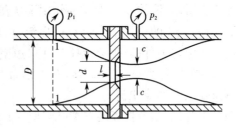

图 5.2　淹没式孔口出流

2)孔口出流的各项系数

孔口出流的流速系数 φ 和流量系数 μ 值，决定于孔口的局部水头损失系数 ζ 和收缩系数 ε。孔口周边距离邻近壁面较远，如图 5.3 所示。出流流束能各方向全部完善收缩的小孔口，实测各项系数数值列入表 5-1。

表 5-1　薄壁小孔口各项系数

收缩系数 ε	损失系数 ζ	流速系数 φ	流量系数 μ
0.64	0.06	0.97	0.62

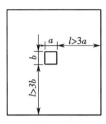

图 5.3　全部完善收缩孔口

　　附带指出,小孔口出流的基本公式(5-3)也适用于大孔口。由于大孔口的收缩系数 ε 值较大,因而流量系数 μ 也较大,如表 5-2 所示。

表 5-2　大孔口的流量系数

收缩情况	μ
全部不完善收缩	0.70
底部无收缩,侧向适度收缩	0.66 ~ 0.70
底部无收缩,侧向很小收缩	0.70 ~ 0.75
底部无收缩,侧向极小收缩	0.80 ~ 0.90

5.1.2　管嘴出流的计算

　　当孔口壁厚 l 等于 $(3 \sim 4)d$ 时,或者在孔口处外接一段长 l 的圆管时(图 5.4),此时的出流称为管嘴出流。管嘴出流的特点是:当流体进入管嘴后,同样形成收缩,在收缩断面 $c-c$ 处,流体与管壁分离,形成漩涡区,然后又逐渐扩大,在管嘴出口断面上,流体完全充满整个断面。

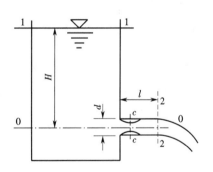

图 5.4　管嘴出流

　　以通过管嘴中心的水平面为基准面,在容器液面 $1-1$ 及管嘴出口断面 $2-2$ 列伯努利方程

$$H + \frac{\alpha_1 v_1^2}{2g} = \frac{\alpha_2 v_2^2}{2g} + h_{w1-2}$$

因

$$h_{w1-2} = \zeta_n \frac{v^2}{2g}; \quad \frac{\alpha_1 v_1^2}{2g} \approx 0$$

故

$$H = (\alpha + \zeta_n) \frac{v^2}{2g}$$

$$v = \frac{1}{\sqrt{\alpha + \zeta_n}} \sqrt{2gH} = \varphi_n \sqrt{2gH} \tag{5-6}$$

式中, $\varphi_n = 1/\sqrt{\alpha + \zeta_n}$, 称为管嘴的流速系数。

管嘴出流流量

$$Q = vA = \varphi_n A\sqrt{2gH} = \mu_n A\sqrt{2gH} \tag{5-7}$$

式中, μ_n 称为管嘴的流量系数。

由图 4.12 得管道直角进口局部阻力系数 $\zeta_n = 0.5$, 且取 $\alpha = 1.0$, 所以管嘴流速系数和流量系数 $\mu_n = \varphi_n = 1/\sqrt{\alpha + \zeta_n} = 0.82$。仅从注量系数看, 比薄壁小孔口的流量系数 $0.60 \sim 0.62$ 大。这就是说, 在相同直径 d、相同作用水头 H 下, 管嘴的出流流量比孔口出流量约大 1.3 倍。究其原因, 就是由于管嘴在收缩断面 $c - c$ 处存在真空的作用。下面来分析 $c - c$ 断面真空度的大小。

如图 5.4 所示, 仍以 $0 - 0$ 为基准面, 选断面 $c - c$ 及出口断面 $2 - 2$ 列伯努利方程

$$\frac{p'_c}{\gamma} + \frac{\alpha_c v_c^2}{2g} = 0 + \frac{p_a}{\gamma} + \frac{\alpha v^2}{2g} + h_{wc-2}$$

其中 h_{wc-2} 是收缩断面至出口的水头损失, 可以近似为突然扩大局部损失, 则由式(4-28), $h_{wc-2} = \left(\frac{A}{A_c} - 1\right)^2 \frac{v^2}{2g} = \left(\frac{1}{\varepsilon} - 1\right)^2 \frac{v^2}{2g}$

得

$$\frac{p_a - p'_c}{\gamma} = \frac{\alpha_c v_c^2}{2g} - \frac{\alpha v^2}{2g} - \left(\frac{1}{\varepsilon} - 1\right)^2 \frac{v^2}{2g} \tag{5-8}$$

由连续性方程

$$v_c = \frac{A}{A_c}v = \frac{A}{\varepsilon A}v = \frac{v}{\varepsilon}$$

将上式及式(5-6)代入式(5-8)得

$$\frac{p_a - p'_c}{\gamma} = \left[\frac{\alpha_c}{\varepsilon^2} - \alpha - \left(\frac{1}{\varepsilon} - 1\right)^2\right]\varphi_n^2 H$$

由实验测得 $\varepsilon = 0.64$; $\varphi_n = 0.82$, 取 $\alpha_c = \alpha = 1$, 则管嘴的真空度为

$$\frac{p_v}{\gamma} = \frac{p_a - p'_c}{\gamma} \approx 0.75H \tag{5-9}$$

上式说明管嘴收缩断面处的真空度可达作用水头的 0.75 倍, 相当于把管嘴的作用水头增大了约 75%。

从式(5-9)可知, 作用水头 H 愈大, 收缩断面的真空度也愈大。但是当真空度达 7 m 水柱以上时, 由于液体在低于饱和蒸汽压时发生汽化, 或空气由管嘴出口处吸入, 从而使真空破坏。因此保持管嘴内真空的条件是作用水头满足 $H < [H] = \dfrac{7}{0.75} \approx 9$ m。

5.2　短管水力计算

所谓短管, 是指在管路的总水头损失中, 沿程水头损失和局部水头损失均占相当比重, 计

算时均不能忽略的管路。短管的流程长度通常在 $l < 1\,000d$ 内,如工程中常见的水泵吸水管、虹吸管、倒虹吸管、有压涵管等水力计算,一般均按短管考虑。

管路水力计算一般是在管路布置、管道材料已定情况下进行,可直接利用连续性方程、伯努利方程和水头损失等知识点求解。其计算类型主要有:

（1）已知作用水头 H（或压强 p）、管径 d,计算通过流量 Q;

（2）已知流量 Q、管径 d,计算作用水头 H（或压强 p）;

（3）已知流量 Q、作用水头 H（或压强 p）,设计管径 d。

下面举例说明短管的水力计算。

【例 5-1】　一离心式水泵的安装如图 5.5 所示。已知泵的抽水流量 $Q = 30\ \text{m}^3/\text{h}$,吸水管长度 $l = 8.0\ \text{m}$,管径 $d = 100\ \text{mm}$,管道沿程阻力系数 $\lambda = 0.03$,局部阻力系数有带滤网的底阀 $\zeta_1 = 6.0$,弯道 $\zeta_2 = 0.5$。若水泵进口的允许真空度 $[h_v] = 6.0\ \text{m}$,试决定该水泵的最大安装高度 H_s。

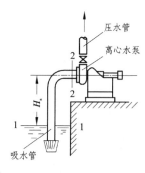

图 5.5　离心式水泵安装高度

【解】　以吸水池水面 1 – 1 为基准面,在 1 – 1 和水泵进口断面 2 – 2 间列伯努利方程（忽略吸水池水面流速）

$$0 + 0 + 0 = H_s + \frac{p_2}{\rho g} + \frac{\alpha v^2}{2g} + \left(\lambda\,\frac{l}{d} + \zeta_1 + \zeta_2\right)\frac{v^2}{2g}$$

考虑水泵进口允许真空度,得

$$H_s = -\frac{p_2}{\rho g} - \left(\alpha + \lambda\,\frac{l}{d} + \zeta_1 + \zeta_2\right)\frac{v^2}{2g}$$

$$= [h_v] - \left(\alpha + \lambda\,\frac{l}{d} + \zeta_1 + \zeta_2\right)\frac{v^2}{2g}$$

管中流速

$$v = \frac{Q}{\pi d^2/4} = \frac{30/3\,600}{3.14 \times 0.1^2/4} = 1.06\ \text{m/s}$$

该水泵的最大安装高度

$$H_s = 6.0 - \left(1.0 + 0.03 \times \frac{8.0}{0.1} + 6.0 + 0.5\right) \times \frac{1.06^2}{2 \times 9.8} = 5.43\ \text{m}$$

【例 5-2】　如图 5.6 所示用虹吸管从钻井跨越高地输水至集水池。已知虹吸管的吸水管段长 $l_{\text{AB}} = 30\ \text{m}$,压水管段长 $l_{\text{BC}} = 40\ \text{m}$,管径 $d = 200\ \text{mm}$,钻井与集水池间恒定水面高差 $H = 1.6\ \text{m}$,虹吸管安装高度 $h_{\text{B}} = 5.5\ \text{m}$,管道沿程阻力系数 $\lambda = 0.025$,管路进口、120°弯头、90°弯头及出口扩大的局部阻力系数分别为 $\zeta_1 = 0.5$,$\zeta_2 = 0.2$,$\zeta_3 = 0.5$,$\zeta_4 = 1.0$,虹吸管顶 B 的允许真空度 $[h_v] = 7\ \text{m}$ 水柱。试求流经虹吸管的流量 Q 和校核虹吸管顶 B 的真空度。

【解】　以集水池水面为基准面进行虹吸管水力计算。

1）计算虹吸管流量

在 1→3 建立伯努利方程（忽略钻井和集水池流速）

$$H + 0 + 0 = 0 + 0 + 0 + \left(\lambda\,\frac{l_{\text{AB}} + l_{\text{BC}}}{d} + \zeta_1 + \zeta_2 + \zeta_3 + \zeta_4\right)\frac{v^2}{2g}$$

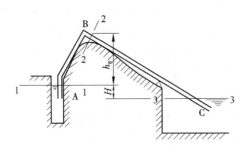

图 5.6   虹吸管

解得

$$v = \sqrt{\dfrac{2gH}{\lambda \dfrac{l_{AB}+l_{BC}}{d}+\zeta_1+\zeta_2+\zeta_3+\zeta_4}}$$

$$= \sqrt{\dfrac{2\times9.8\times1.6}{0.025\times\dfrac{30+40}{0.2}+0.5+0.2+0.5+1.0}} = 1.69 \ \text{m/s}$$

流量

$$Q = \dfrac{\pi}{4}d^2v = \dfrac{3.14}{4}\times0.2^2\times1.69 = 0.053\ 1\ \text{m}^3/\text{s} = 53.1\ \text{L/s}$$

2）校核虹吸管顶真空度

在 1→2 建立伯努利方程

$$H+0+0 = (H+h_B)+\dfrac{p_2}{\rho g}+\dfrac{\alpha v^2}{2g}+\left(\lambda\dfrac{l_{AB}}{d}+\zeta_1+\zeta_2+\zeta_3\right)\dfrac{v^2}{2g}$$

解得 $h_v = -\dfrac{p_2}{\rho g} = h_B+\left(\alpha+\lambda\dfrac{l_{AB}}{d}+\zeta_1+\zeta_2+\zeta_3\right)\dfrac{v^2}{2g}$

$$= 5.5+\left(1.0+0.025\times\dfrac{30}{0.2}+0.5+0.2+0.5\right)\times\dfrac{1.69^2}{2\times9.8} = 6.37\ \text{m} < [h_v]$$

【例 5-3】　一穿越公路路基的折线形有压圆涵布置如图 5.7 所示。已知涵长 $l = 50$ m，上下游水位差 $H = 3$ m，涵管沿程阻力系数 $\lambda = 0.02$，进口、弯头和出口的局部阻力系数分别为 $\zeta_e = 0.5$、$\zeta_b = 0.65$、$\zeta_{se} = 1.0$，涵管设计流量 $Q = 3$ m³/s，试确定圆涵管径 d。

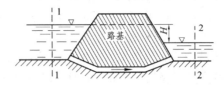

图 5.7   有压圆涵

【解】　以下游水面为基准面，在 1→2 建立伯努利方程（忽略上下游流速水头）

$$H+0+0 = 0+0+0+\left(\lambda\dfrac{l}{d}+\zeta_e+2\zeta_b+\zeta_{se}\right)\dfrac{1}{2g}\left(\dfrac{4Q}{\pi d^2}\right)^2$$

将已知数据代入上式,化简整理得

$$3d^5 - 2.08d - 0.745 = 0$$

上式为高次方程,用迭代法求解。设 $d = 1.0$ m,代入上式

$$3 \times 1.0^5 - 2.08 \times 1.0 - 0.745 = 0.175 \neq 0$$

再设 $d = 0.98$m,则

$$3 \times 0.98^5 - 2.08 \times 0.98 - 0.745 = -0.071\ 6$$

故知方程解 $d \in (0.98, 1.0)$,决定采用标准管径 $d = 1.0$ m,实际通过流量 Q 略大于 3.0 m³/s。

5.3　长管水力计算

所谓长管,是指管流的局部水头损失和速度水头的总和与沿程水头损失比较可忽略不计的管路。长管的流程长度通常在 $l > 1\ 000\ d$ 以上。

长管水力计算可根据管路系统的组合情况,分为简单管路、串联管路、并联管路、管网等,其计算类型与短管相同。

5.3.1　简单管路

管径、流量沿程不变的管路称为简单管路,它是一切复杂管路水力计算的基础。

如图 5.8 所示,由水箱引出长度为 l、管径为 d、水箱液面距管道出口高度为 H 的简单管路。现分析其水力特点和计算方法。

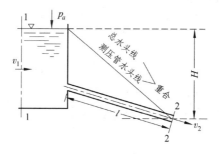

图 5.8　简单管路

以通过管道出口断面 $2-2$ 形心的水平面为基准面,考虑到长管问题的局部水头损失和流速水头均可忽略不计的计算特点,在 $1 \rightarrow 2$ 建立伯努利方程

$$H + 0 + 0 = 0 + 0 + 0 + h_f$$

得

$$H = h_f = \lambda \frac{l}{d} \frac{v^2}{2g} \tag{5-10}$$

上式表明,长管的作用水头全部消耗于沿程水头损失,其总水头线为沿程下降的斜直线,并与测压管水头线重合。考虑到 $v = \dfrac{Q}{\pi d^2/4}$,则上式又可写为

$$H = \frac{8\lambda}{g\pi^2 d^5}lQ^2 = SlQ^2 \qquad (5\text{-}11)$$

式中, $S = \frac{8\lambda}{g\pi^2 d^5} = f(\lambda,d)$ 称为比阻,其物理意义是单位流量通过单位管长所需的作用水头。

由于计算沿程阻力系数 λ 的公式很多,这里只引用土木工程中常用的基于适用于旧铸铁管和旧钢管的舍维列夫比阻计算公式:

$$S = \begin{cases} \dfrac{0.001\ 736}{d^{5.3}} & (v \geqslant 1.2 \text{ m/s}) \\ 0.852\left(1 + \dfrac{0.867}{v}\right)^{0.3}\left(\dfrac{0.001\ 736}{d^{5.3}}\right) & (v < 1.2 \text{ m/s}) \end{cases} \qquad (5\text{-}12)$$

式中: d 为管径, m; v 为管流断面平均流速, m/s; S 为比阻, s^2/m^6 。

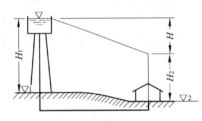

图 5.9　水塔向工厂供水的简单管路

【例 5-4】　如图 5.9 所示,采用钢管由水塔向工厂供水。已知管长 $l = 2\ 500$ m,管径 $d = 400$ mm,水塔处地面高程 $\nabla_1 = 61$ m,水塔高度 $H_1 = 18$ m,工厂地面高程 $\nabla_2 = 45$ m,管路末端需要的自由水头 $H_2 = 25$ m,试求供水流量 Q 。

【解】　从水塔液面至管路末端建立伯努利方程

$$(\nabla_1 + H_1) + 0 + 0 = (\nabla_2 + H_2) + 0 + 0 + h_f$$

得管路末端的作用水头

$$H = (\nabla_1 + H_1) - (\nabla_2 + H_2) = h_f = (61 + 18) - (45 + 25) = 9 \text{ m}$$

假设管道流速 $v \geqslant 1.2$ m/s,则由式(5-12)第一式得比阻

$$S = \frac{0.001\ 736}{0.4^{5.3}} = 0.223\ 2 \text{ s}^2/\text{m}^6$$

将其代入式(5-11),得

$$Q = \sqrt{\frac{H}{Sl}} = \sqrt{\frac{9}{0.223\ 2 \times 2\ 500}} = 0.127 \text{ m}^3/\text{s}$$

验算管道流速

$$v = \frac{Q}{\pi d^2/4} = \frac{0.127}{3.14 \times 0.4^2/4} = 1.01 \text{ m/s} < 1.2 \text{ m/s}$$

故比阻应用式(5-12)第二式计算,即

$$S = 0.852\left(1 + \frac{0.867}{1.01}\right)^{0.3}\left(\frac{0.001\ 736}{0.4^{5.3}}\right) = 0.229\ 0 \text{ s}^2/\text{m}^6$$

供水流量

$$Q = \sqrt{\frac{H}{Sl}} = \sqrt{\frac{9}{0.229\ 0 \times 2\ 500}} = 0.125 \text{ m}^3/\text{s}$$

5.3.2　串联管路

由直径不同的管段依次连接而成的管路,称为串联管路。串联管路各管段通过的流量可能相同,也可能不同,后者如沿程有分流的情况,如图 5.10 所示。

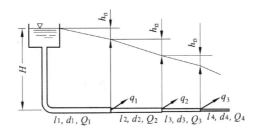

图 5.10　串联管路

1.能量关系

在串联管路系统中,从上游至下游分管段建立伯努利方程,可得

$$H = \sum_{i=1}^{n} h_{fi} = \sum_{i=1}^{n} S_i l_i Q_i^2 \qquad (i = 1, 2, \cdots, n) \tag{5-13}$$

式中, h_{fi} 、 S_i 、 l_i 、 Q_i 分别为第 i 管段的沿程水头损失、比阻、管长和流量, n 为管段总数目。由此可见,串联管路的总水头损失等于各支路的水头损失之和。

2.流量关系

对两管段的联接点即节点应用连续性方程,可得

$$Q_{i+1} = Q_i + q_i \qquad (i = 1, 2, \cdots, n-1) \tag{5-14}$$

上式也称为节点流量平衡方程,其中 q_i 为各节点分出的流量。利用串联管路水力关系式(5-13)和式(5-14)可解算流量 Q 、作用水头 H 和管径 d 三类问题。

串联管路的测压管水头线和总水头线重合,且呈折线形,这是因为各管段的水力坡度不等之故。

【例 5-5】　某输水管路,管长 $l = 2\,500$ m,作用水头 $H = 20$ m,流量 $Q = 0.152$ m³/s,为节约造价,拟采用管径 $d_1 = 400$ mm 和 $d_2 = 350$ mm 两种规格的铸铁管道串联,试求相应的管段长度 l_1 和 l_1 。

【解】　因 $v_2 > v_1 = \dfrac{Q}{\pi d_1^2/4} = \dfrac{0.152}{3.14 \times 0.4^2/4} = 1.21$ m/s > 1.2 m/s,故比阻均采用式(5-12)第一式计算,即

$$S_1 = \frac{0.001\,736}{0.4^{5.3}} = 0.223\,2 \text{ s}^2/\text{m}^6, \quad S_2 = \frac{0.001\,736}{0.35^{5.3}} = 0.452\,9 \text{ s}^2/\text{m}^6$$

由式(5-13)有

$$H = (S_1 l_1 + S_2 l_2) Q^2$$

注意到

$$l = l_1 + l_2$$

联立上面二式,可得

$$l_1 = (\frac{H}{Q^2} - S_2 l)/(S_1 - S_2)$$

$$= (\frac{20}{0.152^2} - 0.452\ 9 \times 2\ 500)/(0.223\ 2 - 0.452\ 9) = 1\ 161 \text{ m}$$

$$l_2 = l - l_1 = 2\ 500 - 1\ 161 = 1\ 339 \text{ m}$$

5.3.3 并联管路

在两节点之间并设两条以上的管路,称为并联管路,如图 5.11 中 AB 段就是由三条管段组成的并联管路。并联管路可提高管路系统输运流体的可靠性。

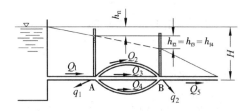

图 5.11　并联管路

1. 能量关系

在 A、B 两节点间,沿各支路建立伯努利方程,可得

$$h_{f2} = h_{f3} = h_{f4} = h_{fAB} \tag{5-15}$$

由此可见,并联管路各支路的管径、管长和管材尽管可以不同,但单位重量流体的水头损失却是相等的,且总水头损失等于各支路的水头损失。

并联管路 AB 各支路的能量关系也可写成比阻形式

$$S_2 l_2 Q_2^2 = S_3 l_3 Q_3^2 = S_4 l_4 Q_4^2 \tag{5-15}$$

2. 流量关系

与串联管路一样,节点应满足连续性方程或节点流量平衡方程,即

$$\left.\begin{array}{ll} \text{对节点 A:} & Q_1 = Q_2 + Q_3 + Q_4 + q_1 \\ \text{对节点 B:} & Q_2 + Q_3 + Q_4 + q_2 = Q_5 \end{array}\right\} \tag{5-16}$$

若已知 Q_1 及各支路的管径、管长和管材,可利用并联管路的水力关系(能量关系、流量关系)求得流量分配 Q_2、Q_3、Q_4 和总水头损失 h_{fAB}。

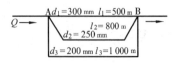

图 5.12　并联管路的流量分配

【例 5-6】　图 5.12 所示由三根铸铁管道组成的并联管路,已知流量 $Q = 250$ L/s,各支路沿程阻力系数 $\lambda_1 = 0.03$,$\lambda_2 = 0.025$,$\lambda_3 = 0.02$,试求流量分配 Q_1、Q_2、Q_3 和总水头损失 h_{fAB}。

【解】　由并联管路的能量关系

$$\lambda_1 \frac{l_1}{d_1} \frac{Q_1^2}{2g(\pi d_1^2/4)^2} = \lambda_2 \frac{l_2}{d_2} \frac{Q_2^2}{2g(\pi d_2^2/4)^2} = \lambda_3 \frac{l_3}{d_3} \frac{Q_3^2}{2g(\pi d_3^2/4)^2}$$

得

$$Q_1 = \sqrt{\frac{\lambda_3}{\lambda_1} \frac{l_3}{l_1} \left(\frac{d_1}{d_3}\right)^5} Q_3 = \sqrt{\frac{0.02}{0.03} \times \frac{1000}{500} \times \left(\frac{0.3}{0.2}\right)^5} Q_3 = 3.182 Q_3$$

$$Q_2 = \sqrt{\frac{\lambda_3}{\lambda_2} \frac{l_3}{l_2} \left(\frac{d_2}{d_3}\right)^5} Q_3 = \sqrt{\frac{0.02}{0.025} \times \frac{1000}{800} \times \left(\frac{0.25}{0.2}\right)^5} Q_3 = 1.747 Q_3$$

代入节点 A 流量平衡方程 $Q = Q_1 + Q_2 + Q_3$

$$Q = (3.182 + 1.747 + 1) Q_3 = 5.929 Q_3$$

解得

$$Q_3 = Q/5.929 = 250/5.929 = 42.17 \text{ L/s}$$

$$Q_1 = 3.182 \times 42.17 = 134.18 \text{ L/s}$$

$$Q_2 = Q - Q_1 - Q_3 = 250 - 134.18 - 42.17 = 73.65 \text{ L/s}$$

AB 间总水头损失

$$h_{fAB} = \lambda_1 \frac{l_1}{d_1} \frac{Q_1^2}{2g(\pi d_1^2/4)^2} = 0.03 \times \frac{500}{0.3} \times \frac{0.134\,18^2}{2 \times 9.8 \times (3.14 \times 0.3^2/4)^2}$$

$$= 9.2 \text{ m}$$

5.4　离心式水泵及其水力计算

5.4.1　工作原理

离心式水泵是工程中常用的抽水机械之一,如图 5.13 所示。它主要由工作叶轮、叶片、泵壳(或称蜗壳)、吸水管、压水管以及泵轴等部件组成。

离心泵启动之前,先要通过泵顶部的注水漏斗将泵体和吸水管内注满水。启动后,叶轮高速转动,在泵的叶轮入口处形成真空,吸水池的水在大气压强作用下沿吸水管上升流入叶轮吸水口,进入叶片槽内。由于水泵叶轮连续旋转,吸水、压水便连续进行。

从能量的观点看,水泵是一种把机械能转换为液体能量的水力机械。

5.4.2　基本工作参数

作为用户,为了能正确选用离心式水泵,首先应了解水泵的基本工作参数,即水泵的性能参数。

1. 流量 Q

单位时间通过水泵的液体体积,称为水泵的流量,它表征水泵的抽水能力,单位常用 L/s、m^3/s、m^3/h 等。

2. 扬程 H

水泵供给单位重量流体的能量,称为水泵的扬程,单位为 mH_2O(米水柱)。

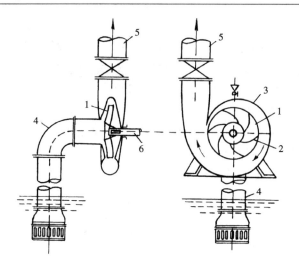

图 5.13 离心式水泵
1.叶轮;2.叶片;3.蜗壳;4.吸水管;5.压水管;6.泵轴

3. 功率 N

水泵的功率分输入功率(也称轴功率)和输出功率(也称有效功率)。

输入功率 N_x 是指电动机传递给水泵的功率,单位为 W(瓦)或 kW(千瓦)。

输出功率 N_e 是指单位时间内液体从水泵中得到的能量

$$N_e = \rho g Q H \tag{5-17}$$

式中:ρ 为液体的密度,kg/m^3;g 为重力加速度,m/s^2;Q 为水泵的抽水流量,m^3/s;H 为水泵的扬程,m。

4. 效率 η

水泵的输出功率与输入功率之比,称为水泵的效率,即

$$\eta = \frac{N_e}{N_x} \tag{5-18}$$

一般大中型离心式水泵的效率可达 $80\% \sim 90\%$,小型离心式水泵的效率在 70% 左右。

5. 转速 n

水泵的工作叶轮每分钟的转数,称为水泵的转速,其值通常固定,单位为 rpm(转/分钟)。

6. 允许吸水真空度 $[h_v]$

为防止水泵内气蚀发生而由实验确定的水泵进口的允许真空高度,称为水泵的允许吸水真空度,单位为 mH_2O(米水柱)。

5.4.3 离心式水泵的选用及工况分析

1. 水泵性能曲线

在转速 n 一定情况下,水泵的扬程 H、输入功率 N_x、效率 η 与流量 Q 的关系曲线称为水泵性能曲线,由水泵生产厂家通过实验确定,如图 5.14 所示。

2. 管路特性曲线

在考虑水泵性能曲线的同时，还应考虑与水泵相连的管路的特性，才能确定水泵在管路系统中的实际工作情况。

如图 5.15 所示水泵—管路系统，由吸水池至压水池建立伯努利方程，可得单位重量液体所需的能量

$$H = H_g + h_w = H_g + \sum \lambda \frac{l}{d} \frac{v^2}{2g} + \sum \zeta \frac{v^2}{2g}$$
$$= H_g + \left(\sum \lambda \frac{l}{d} \frac{1}{2gA^2} + \sum \zeta \frac{1}{2gA^2} \right) Q^2 \qquad (5\text{-}19)$$
$$= H_g + RQ^2$$

式中：H_g 为水泵的几何给水高度（即压水池与吸水池液面的水位差），m；

$R = \sum \lambda \dfrac{l}{d} \dfrac{1}{2gA^2} + \sum \zeta \dfrac{1}{2gA^2}$ 为管路系统的总阻抗，s^2/m^5。

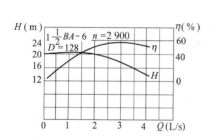

图 5.14　水泵性能曲线

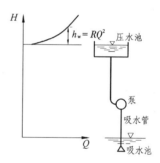

图 5.15　管路特性曲线

当管路系统一定时，H_g 和 R 为常数，据式（5-15）可绘出 $H—Q$ 关系曲线，即为管路特性曲线，如图 5.15 所示。

3. 水泵工况分析

水泵的 $H—Q$ 性能曲线表示水泵在通过流量 Q 时，对单位重量液体能提供的能量 H（即水泵的扬程）。管路特性曲线表示使流量 Q 通过该管路系统时，每单位重量液体所需要的能量。如果将水泵性能曲线和管路特性曲线按同一比例画在一张图上（如图 5.16），这两条曲线的交点 A 即为水泵在管路系统中的实际工作情况，通常称其为水泵的工作点。在工作点 A 的流量下，管路流动所要求的水头恰恰与水泵能提供的水头相等。

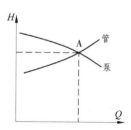

图 5.16　水泵的工作点

4. 水泵选用

水泵选用可根据用户管路系统所需的流量 Q 和按式（5-19）计算的扬程 H，查水泵产品目录。若所需的 Q、H 值在某水泵的 Q、H 值范围内，则此水泵初选合适。然后，根据前面所述方法进行水泵工况分析，确定水泵的工作点。若工作点在水泵最大效

率点附近,说明所选水泵是合理的。最后,根据水泵的效率 η 和输出功率 $N_e = \rho g Q H$,计算输入功率 $N_x = N_e/\eta$,确定选用电动机。

【例 5-7】 如图 5.17 所示由集水池向水塔供水。已知水泵的几何给水高度 $H_g = 19$ m,管路(吸水管、压水管)为铸铁管,管径 $d = 100$ mm,总长 $l = 200$ m,要求供水流量 $Q = 6.94$ L/s,试选择水泵。

【解】 管中流速 $v = \dfrac{Q}{\pi d^2/4} = \dfrac{0.006\ 94}{3.14 \times 0.1^2/4} = 0.884$ m/s < 1.2 m/s,比阻按式(5-7)第二式计算

$$S = 0.852\left(1 + \frac{0.867}{0.884}\right)^{0.3}\left(\frac{0.001\ 736}{0.1^{5.3}}\right) = 362.3\ \text{s}^2/\text{m}^6$$

因 $\dfrac{l}{d} = \dfrac{200}{0.1} > 1\ 200$,可按长管计算。管路系统总水头损失

$$h_w = S\,l\,Q^2 = 362.3 \times 200 \times 0.006\ 94^2 = 3.49\ \text{m}$$

所需扬程

$$H = H_g + h_w = 19 + 3.49 = 22.5\ \text{m}$$

按所需流量 $Q = 6.94$ L/s 和扬程 $H = 22.5$ m 查水泵产品目录,初选一台 2BA-6 型水泵。水泵性能曲线及按式(5-19)绘出的管路特性曲线如图 5.18 所示,得水泵的工作点:$Q = 8.2$ L/s,$H = 24.2$ m,$\eta = 64\%$。

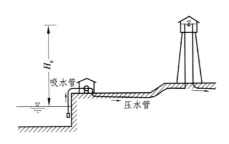

图 5.17 集水池向水塔供水的水泵选择

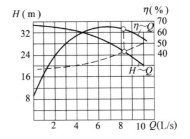

图 5.18 水泵工作点的确定

水泵的输入功率

$$N_x = \frac{\rho g Q H}{\eta} = \frac{1\ 000 \times 9.8 \times 0.008\ 2 \times 24.2}{0.64} = 3\ 038\ \text{W} \approx 3.04\ \text{kW}$$

选用配套电动机的功率时,应考虑电动机过载的安全系数,本例决定选用配套电动机的功率为 4.5 kW。

习 题

一、单项选择题

1. 圆柱形外管嘴正常工作的条件为(　　)。

A. $l = (3 \sim 4)d$,$H_0 \leqslant 9$ m
B. $l = (3 \sim 4)d$,$H_0 > 9$ m

C. $l < (3 \sim 4)d, H_0 > 9$ m　　　　　　　　D. $l > (3 \sim 4)d, H_0 < 9$ m

2. 已知圆柱形外管嘴（$\mu = 0.82$）的泄流量 $Q = 3$ L/s，则与其同直径、同水头作用下的孔口（$\mu = 0.62$）的泄流量 $Q = (\quad)$ L/s。

　　A. 2.07　　　　　　B. 2.27　　　　　　C. 3.67　　　　　　D. 3.97

3. 已知某并联管路的两支路的比阻之比 $S_1/S_2 = 1$，管长之比 $l_1/l_2 = 2$，则相应的流量之比 $Q_1/Q_2 = (\quad)$。

　　A. 2　　　　　　　B. $\sqrt{2}$　　　　　　C. $\sqrt{2}/2$　　　　　D. $1/2$

4. 已知某并联管路的两支路的沿程阻力系数之比 $\lambda_1/\lambda_2 = 1$，管长之比 $l_1/l_2 = 4$，管径之比 $d_1/d_2 = 2$，则相应的流量之比 $Q_1/Q_2 = (\quad)$。

　　A. $\sqrt{2}$　　　　　B. $2\sqrt{2}$　　　　　C. $3\sqrt{2}$　　　　　D. $4\sqrt{2}$

5. 已知某并联管路的两支路的粗糙系数之比 $n_1/n_2 = 1$，管长之比 $l_1/l_2 = 4$，管径之比 $d_1/d_2 = 2$，则相应的流量之比 $Q_1/Q_2 = (\quad)$。

　　A. $\sqrt{4}$　　　　　B. $\sqrt{8}$　　　　　C. $\sqrt{16}$　　　　　D. $\sqrt{32}$

6. 下列关于长管水力计算的说法中，不正确的是（　　）。

　　A. 串联管路的总水头损失等于各支路的水头损失之和

　　B. 串联管路的总流量等于各支路的流量之和

　　C. 并联管路两节点间的总水头损失等于各支路的水头损失

　　D. 并联管路各支路的水头损失相等

7. 比阻 S 的物理意义是管流（　　）产生的水头损失。

　　A. 在单位时间内　　　　　　　　　　B. 在单位管长上

　　C. 在单位流量下　　　　　　　　　　D. 单位流量在单位管长上

8. 离心式水泵启动前一般须向泵体和吸水管内充水，其目的是为了（　　）。

　　A. 增加离心力　　B. 增加重力　　C. 提高叶轮转速　　D. 降低输入功率

二、计算分析题

9. 如题9图所示，水箱用隔板分成左右两室，隔板上开一直径 $d = 40$ mm 的薄壁小孔，右室水箱底部外接一直径 $d = 30$ mm、长度 $l = 0.1$ m 的管嘴，若 $H_1 = 3$ m，试求恒定出流时右室水深 H_2 和流量 Q_1、Q_2。

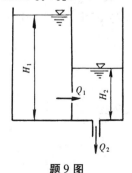
题9图

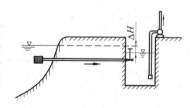
题10图

10. 抽水量各为 50 m³/h 的两台水泵,同时从与河道用自流管连通的吸水井中抽水,如题 10 图所示。已知自流管直径 $d = 200$ mm,长度 $l = 60$ m,管道的粗糙系数 $n = 0.011$,局部阻力系数:$\zeta_1 = 5.0$、$\zeta_2 = 0.5$,试求河道与吸水井间的恒定水位差 ΔH。

11. 用虹吸管自钻井输水至集水井,如题 11 图所示。已知虹吸管径 $d = 200$ mm,长度 $l = l_1 + l_2 + l_3 = 60$ m,沿程阻力系数 $\lambda = 0.02$,管道进口、弯头和出口的局部阻力系数分别为 $\zeta_e = 0.5$、$\zeta_b = 0.5$、$\zeta_{se} = 1.0$,钻井与集水井间的恒定水位差 $H = 1.5$ m,试求流经虹吸管的流量 Q。

题 11 图   题 12 图

12. 一城市排污渠道采用倒虹吸管穿过河流,如题 12 图所示。已知污水流量 $Q = 100$ L/s,管道沿程阻力系数 $\lambda = 0.03$,管道进口、弯头和出口的局部阻力系数分别为 $\zeta_e = 0.6$、$\zeta_b = 0.5$、$\zeta_{se} = 1.0$,管长 $l = 50$ m,上、下游渠道的流速均为 $v_0 = 0.8$ m/s。为避免污物在管中沉积,要求管中流速不得小于 1.2 m/s,试确定倒虹吸管的管径 d 及倒虹吸管两端的水位差 H。

13. 某工厂生产供水管路布置如题 13 图所示,采用铸铁管道由水泵 A 向 B、C、D 三处供水。已知流量 $Q_B = 10$ L/s,$Q_C = 5$ L/s,$Q_D = 10$ L/s,各管段的管径和管长分别为 $d_{AB} = 200$ mm,$l_{AB} = 350$ m;$d_{BC} = 150$ mm,$l_{BC} = 450$ m;$d_{CD} = 100$ mm,$l_{CD} = 100$ m。若整个场地水平,试求水泵出口的水头 H。

14. 如题 14 图所示并联管路,已知流量 $Q = 80$ L/s,各支路的管径和管长分别为 $d_1 = 150$ mm,$l_1 = 500$ m 和 $d_2 = 200$ mm,$l_2 = 800$ m,管道为钢管。试求流量分配 Q_1、Q_2 和 AB 间的水头损失 h_{fAB}。

题 13 图   题 14 图

15. 如题 15 图所示管路系统,管道为铸铁管,各管段管径和管长见图示。若管道总流量 $Q = 560$ L/s,试求 AD 间的总水头损失 h_{fAD}。

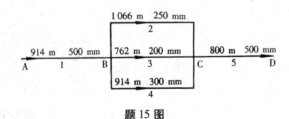

题 15 图

16. 采用水泵将河水抽送至山上蓄水池供隧道施工用。已知几何给水高度 $H_g = 70$ m,水泵抽水流量 $Q = 18.5$ m³/h,吸、压水管长 $l = 120$ m,管径 $d = 75$ mm,沿程阻力系数 $\lambda = 0.03$,水泵效率 $\eta = 56\%$,试求水泵的扬程 H 及电动机功率 N_x。

第6章　明渠恒定流动

明渠流与有压管流不同,是一种具有自由液面的流动。明渠液面上的各点受大气压强作用,其相对压强为零,故明渠流又称为无压流。天然河道和人工渠道中的流动是典型的明渠流,交通土建工程中的无压长涵管以及市政工程中的污水管道中的流动,也属于明渠流。

明渠流根据其运动要素是否随时间变化和沿流程变化可分为恒定均匀流、恒定非均匀流、非恒定非均匀流等。因为非恒定均匀流在明渠中不可能发生,故明渠恒定均匀流通常简称为明渠均匀流。本章将着重介绍明渠恒定流的有关水力计算。

6.1　明渠的分类

1. 按形成原因分类

根据形成原因,可将明渠分为天然明渠和人工明渠。前者如天然河道,后者如人工修建的排水渠、运河、未充满水流的管道等。

2. 按断面形状分类

根据断面形状,可将明渠分为梯形渠道、矩形渠道、圆形渠道等多种,如图6.1所示。

3. 按断面形式沿程变化分类

根据断面形式沿程变化,可将明渠分为棱柱形渠道和非棱柱形渠道。凡是断面形状、尺寸及底坡沿程不变的长直渠道,称为棱柱形渠道,否则称为非棱柱形渠道。棱柱形渠道的过流断面面积仅随水深变化,即 $A = f(h)$;而非棱柱形渠道的过流断面面积不仅随水深变化,而且还与沿程位置有关,即 $A = f(h, s)$。棱柱形渠道只有在人工修建的渠道中才有可能出现,天然河道是典型的非棱柱形渠道。

4. 按底坡形式分类

根据底坡 i,可将明渠分为顺坡渠道($i > 0$)、平坡渠道($i = 0$)和逆坡渠道($i < 0$),如图6.2所示。

底坡 i 代表渠底的纵向倾斜程度,底坡越大,在流动方向上的重力作用越大。底坡定义为

$$i = -\frac{\mathrm{d}z_b}{\mathrm{d}s} \tag{6-1}$$

式中: z_b 为渠底高程; s 为渠底线沿流程的坐标。工程中一般渠道的底坡很缓($i \leqslant 0.01$),渠底线沿流程的长度 l_s 可认为与其水平投影长度 l_x 相等,即

$$i = -\frac{\mathrm{d}z_b}{\mathrm{d}x} \tag{6-2}$$

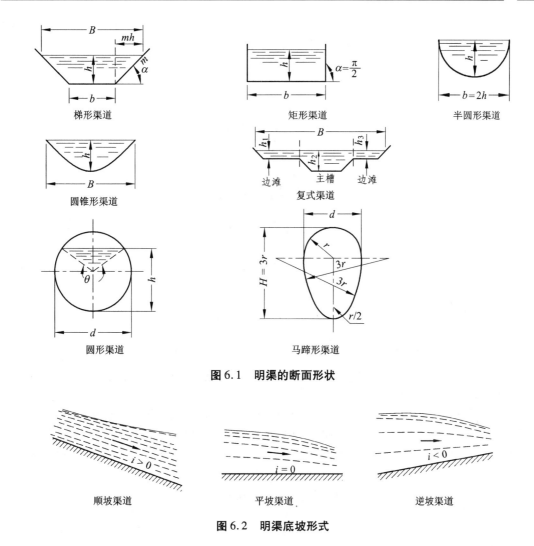

图6.1 明渠的断面形状

图6.2 明渠底坡形式

另外,在渠道底坡微小情况下,水流的过流断面与在水流中所取的铅垂断面实用上可以认为没有差异,即过流断面可用铅垂断面代替,过流断面水深可用铅垂水深代替。

6.2 明渠均匀流

明渠均匀流是流线为平行直线的恒定流动,是明渠流动中最简单的形式。

6.2.1 明渠均匀流的水力特征

根据第3章关于均匀流的定义可知,明渠均匀流具有如下水力特征。

(1)明渠均匀流中的水深、流速分布、断面平均流速均沿流程不变。

（2）总水头线、水面线（测压管水头线）、渠底线三线平行，如图6.3所示，或水力坡度 J、测压管线坡度 J_p 和渠道底坡 i 彼此相等，即

$$J = J_P = i \tag{6-3}$$

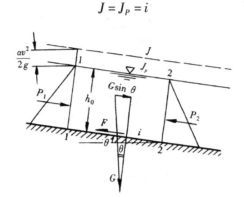

图 6.3 明渠均匀流

6.2.2 明渠均匀流的形成条件

（1）因明渠均匀流的迁移加速度 $\dfrac{\partial v}{\partial s} = 0$，将 $v = \dfrac{Q}{A}$ 代入，可得 $\dfrac{\partial A}{\partial s} = 0$。也就是说，明渠均匀流的过流断面面积与沿程坐标无关，它只可能形成于人工修建的棱柱形渠道中，而天然河道不可能形成均匀流。

（2）因明渠均匀流为匀速流动，则作用在水体上的力必然是平衡的。在图6.3所示棱柱形渠道的均匀流动中取出断面 1—1 和 2—2 间的水体进行分析，作用在水体上的表面力有两过流断面上的动水压力 P_1、P_2，摩擦阻力 F，质量力有重力 G。根据力的平衡原理，在流动方向上有

$$P_1 - P_2 - F + G\sin\theta = 0$$

对于均匀流，式中 $P_1 \equiv P_2$，故有

$$F = G\sin\theta$$

上式表明，明渠均匀流中阻碍水流运动的摩擦阻力与促使水流运动的重力分量相平衡。不难分析，明渠均匀流的这个条件只有在顺坡的棱柱形渠道中才可能得到满足。

（3）即使是顺坡的棱柱形渠道，如果底坡、粗糙系数沿流程变化，或沿程有流量的汇入分出，或有建筑物的干扰，明渠均匀流的水力特征都将受到破坏。

综上所述，明渠均匀流形成条件为：水流必须是恒定流动；流量沿程必须无汇入或分出；明渠必须是顺坡的长直棱柱形渠道，即要求渠底坡度沿程不变、渠壁粗糙情况沿程不变，且没有水工建筑物的局部干扰。

6.2.3 明渠均匀流基本公式

明渠水流一般属于紊流粗糙区，其流速计算可采用谢齐公式（4-21）

$$v = C\sqrt{RJ}$$

因明渠均匀流的水力坡度 J 与渠底坡度 i 相等,故谢齐公式用于明渠均匀流时,也可写成

$$v = C\sqrt{Ri} \tag{6-4}$$

流量计算式根据连续性方程,可得

$$Q = Av = AC\sqrt{Ri} = K\sqrt{i} \tag{6-5}$$

式中, $K = AC\sqrt{R}$ 称为流量模数,具有流量的量纲。

谢齐系数 C 是反映渠道断面几何性质和粗糙程度的一个综合参数,它与水力半径 R 和渠壁粗糙系数 n 有关,可用曼宁公式(4-22) $C = R^{1/6}/n$ 计算。

式(6-4)及式(6-5)通常称为明渠均匀流基本公式。

6.2.4　明渠均匀流水力最优断面和允许流速

1. 水力最优断面

明渠均匀流输水能力的大小取决于渠道底坡、粗糙系数以及过流断面的形状和尺寸。在设计渠道时,底坡 i 一般随地形条件而定,粗糙系数 n 取决于渠壁材料,于是,渠道的输水能力 Q 便只取决于渠道的断面大小和形状。从设计的角度考虑,总希望在 i、n 及过流断面面积 A 一定下,使设计的渠道通过能力 $Q = Q_{\max}$;或在 i、n 及过流能力 Q 一定下,使设计的渠道过流面积 $A = A_{\min}$,以减少工程量。前面两种提法是等价的,按此要求设计的渠道过流断面,称为水力最优断面。

将曼宁公式(4-22)代入明渠均匀流基本公式(6-5),可得

$$Q = AC\sqrt{Ri} = A\left(\frac{1}{n}R^{1/6}\right)\sqrt{Ri}$$

$$= \frac{1}{n}AR^{2/3}i^{1/2} = \frac{1}{n}\frac{A^{5/3}}{\chi^{2/3}}i^{1/2}$$

上式表明,在 i、n 及 A 一定情况下,欲使渠道通过能力 $Q = Q_{\max}$,则必须湿周 $\chi = \chi_{\min}$,因此,可选择湿周 χ 作为优化目标函数。下面以工程中常用的梯形断面渠道为例,讨论水力最优断面条件的推求。

如图 6.4 所示底宽为 b、水深为 h、边坡系数为 $m(m = \cot\alpha)$ 的梯形断面渠道,其过流面积为 $A = (b+mh)h$。因边坡系数 m 取决于边坡稳定要求和施工条件,故优化目标函数

$$\chi = b + 2\sqrt{1+m^2}\,h = \frac{A}{h} - mh + 2\sqrt{1+m^2}\,h = f(h)$$

令

$$\frac{\mathrm{d}\chi}{\mathrm{d}h} = -\frac{A}{h^2} - m + 2\sqrt{1+m^2} = 0$$

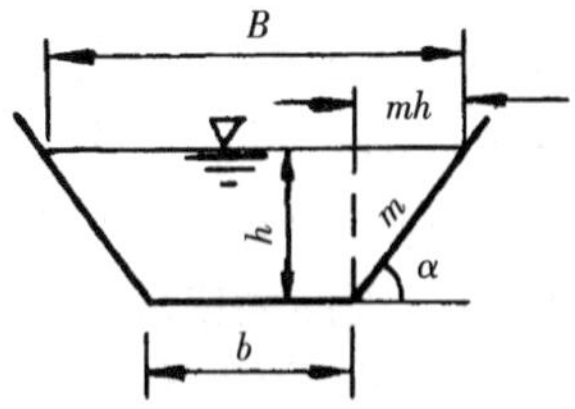

图 6.4　明渠均匀流水力最优断面

因 $\dfrac{\mathrm{d}^2\chi}{\mathrm{d}h^2} = 2\dfrac{A}{h^3} > 0$,故有 $\chi_{\min}$ 存在。将 $A = (b+mh)h$ 代入,整理得水力最优梯形断面的宽深比

$$\beta_{\mathrm{h}} = \left(\frac{b}{h}\right)_{\mathrm{h}} = 2\left(\sqrt{1+m^2} - m\right) = f(m) \tag{6-6}$$

其值仅取决于渠道边坡系数 m。对于矩形断面渠道，$m=0$，代入上式，得 $\beta_h=2$，即 $b=2h$，说明矩形断面渠道的底宽为水深的两倍时，过流能力最大。

若将梯形断面水力最优条件式(6-6)代入 A、χ，不难导得

$$R_h=(A/\chi)_h=0.5h \tag{6-7}$$

即水力最优梯形断面的水力半径与边坡系数无关，均等于水深的一半。

上述水力最优断面是仅从流体力学观点对明渠断面形状的讨论。必须指出，"水力最优"不完全等同于"技术经济最优"。对于工程造价基本上由土方及渠壁衬砌量决定的小型渠道，水力最优断面基本上接近于技术经济最优断面。对于大型渠道，则需根据工程量、施工技术、安全稳定、运行管理等综合比较，才能定出经济合理的断面形式。

2. 允许流速

为确保渠道能长期稳定地输水，设计流速 v 应控制在不冲不淤范围内，即

$$v_{\min}<v<v_{\max} \tag{6-8}$$

式中：$v_{\min}$ 为免受淤积的最小允许流速，简称不淤允许流速；$v_{\max}$ 为免遭冲刷的最大允许流速，简称不冲允许流速。

渠道的不冲允许流速 $v_{\max}$ 一般取决于土质情况、渠壁衬砌材料以及渠道的通过能力等，可查阅有关水力设计手册；为防止悬浮泥沙沉积、水草滋生，渠道的不淤允许流速 $v_{\min}$ 可取 $0.4\ \text{m/s}$ 或 $0.6\ \text{m/s}$。

6.2.5 明渠均匀流水力计算的基本类型

明渠均匀流水力计算，主要有三种基本类型，现以工程中常见的梯形断面渠道(无压圆管均匀流将在下节单独讨论)为例分述如下。

由明渠均匀流基本公式(6-5)可知，梯形断面渠道各水力要素存在以下函数关系

$$Q=AC\sqrt{Ri}=f(b,h,m,n,i)$$

其中，边坡系数 m 取决于渠壁土质或护面性质，粗糙系数 n 取决于渠壁类型及状态，通常根据具体情况确定。

1. 验算渠道的输水能力 Q

这类问题主要是针对已建渠道进行校核性的水力计算，另外，根据洪水位近似估算洪水流量也属于此类问题。因渠道已经建成，过流断面形状及尺寸(b、h、m)、渠壁材料(n)和渠道底坡(i)均为已知，可根据已知条件算出 A、R、C 后，直接代入式(6-5)便可计算流量 Q。

2. 计算渠道的底坡 i

这类问题在渠道设计中会遇到。设计计算时，过流断面形状及尺寸(b、h、m)、渠壁材料(n)和渠道设计流量(Q)均为已知，可根据已知条件算出流量模数 $K=AC\sqrt{R}$ 后，代入式(6-5)便可决定渠道的底坡 $i=Q^2/K^2$。

3. 决定渠道的断面尺寸 b 和 h

决定明渠断面尺寸是渠道水力设计的主要内容。设计断面尺寸 b 和 h，一般是在已知渠道设计流量 Q、边坡系数 m、渠壁粗糙系数 n 等条件下进行。求解这类问题仅用明渠均匀流基本公式(6-5)，将存在多组解答，为了得到确定解，则必须补充条件，补充的途径一般有如下

几类。

1)给定底宽 b,求相应的水深 h

如底宽 b 因施工机械的作业宽度限定,水深 h 就有确定解。将梯形断面几何关系和水力要素代入均匀流基本公式(6-5),得

$$Q = \frac{1}{n} \frac{\left[(b+mh)h\right]^{5/3}}{(b+2\sqrt{1+m^2}h)^{2/3}} i^{1/2} = f(h)$$

上式是关于水深 h 的非线性方程,应试算求解。可将上式改写成迭代式

$$h_{(j+1)} = (\frac{nQ}{\sqrt{i}})^{3/5} \frac{\left[b+2\sqrt{1+m^2}h_{(j)}\right]^{2/5}}{b+mh_{(j)}} \tag{6-9}$$

用迭代法求解,式中下标 j 为迭代循环变量。经计算实践表明,上式收敛与迭代初值选取无关,通常可取初值 $h_{(0)}=0$ 开始进行迭代求解。迭代终止可按 $\left|\frac{h_{(j+1)}-h_{(j)}}{h_{(j+1)}}\right| \leqslant \varepsilon$ 执行,其中 ε 为设定相对误差限值,一般人工计算可取 $\varepsilon = 1\%$ 即可。

【例6-1】　试求某大型长直输水土渠的水深 h。已知渠道断面形状为梯形,边坡系数 $m=1.5$,底宽 $b=10$ m,渠底坡度 $i=0.000\,3$,渠壁粗糙系数 $n=0.025$,设计流量 $Q=40$ m³/s。

【解】　将设计数据代入式(6-9),得迭代式

$$h_{(j+1)} = (\frac{0.025\times40}{\sqrt{0.000\,3}})^{3/5} \times \frac{\left[10+2\sqrt{1+1.5^2}h_{(j)}\right]^{2/5}}{10+1.5h_{(j)}}$$

$$= 11.399 \times \frac{\left[10+3.606h_{(j)}\right]^{2/5}}{10+1.5h_{(j)}}$$

取初值$(j=0)$,$h_{(0)}=0$,代入上式,得

第 1 次迭代近似值　$h_{(1)} = 11.399 \times \frac{\left[10+3.606\times0\right]^{2/5}}{10+1.5\times0} = 2.863$ m

第 2 次迭代近似值　$h_{(2)} = 11.399 \times \frac{\left[10+3.606\times2.863\right]^{2/5}}{10+1.5\times2.863} = 2.660$ m

第 3 次迭代近似值　$h_{(3)} = 11.399 \times \frac{\left[10+3.606\times2.660\right]^{2/5}}{10+1.5\times2.660} = 2.678$ m

检查计算精度　$\left|\frac{h_{(3)}-h_{(2)}}{h_{(3)}}\right| = \left|\frac{2.678-2.660}{2.678}\right| \approx 0.007 < 1\%$

迭代终止,渠道水深 $h = h_{(3)} \approx 2.68$ m。

2)给定水深 h,求相应的底宽 b

如水深 h 另由通航或施工条件限定,底宽 b 就有确定解。与给定 b 求 h 一样,

$$Q = \frac{1}{n} \frac{\left[(b+mh)h\right]^{5/3}}{(b+2\sqrt{1+m^2}h)^{2/3}} i^{1/2} = f(b)$$

上式为关于底宽 b 的非线性方程,应试算求解。

3)给定宽深比 β,求相应的底宽 b 和水深 h。

小型渠道的宽深比 β 一般按水力最优条件 $\beta_h = 2(\sqrt{1+m^2}-m)$ 给出;大型渠道的宽深比

β 则由技术经济比较给出。

4)给定渠流速度 v,求相应的底宽 b 和 h 水深

通常以渠道不冲允许流速作为渠道的设计流速限值,即 $v = v_{max}$。根据连续性方程和谢齐公式

$$
\begin{cases}
A = \dfrac{Q}{v_{max}} = (b + mh)h = f_1(b,h) \\[3mm]
R = (\dfrac{nv_{max}}{\sqrt{i}})^{3/2} = \dfrac{A}{b + 2\sqrt{1 + m^2}\,h} = f_2(b,h)
\end{cases}
$$

联立两式,可求得底宽 b 和水深 h。

【例 6-2】　试设计一排水土渠的断面尺寸 b 和 h。已知边坡系数 $m = 1.5$,底坡 $i = 0.005$,渠壁粗糙系数 $n = 0.025$,设计流量 $Q = 3.5$ m³/s,渠道免冲的最大允许流速 $v_{max} = 0.32$ m/s。

【解】　现分别按允许流速和水力最优条件两种方案进行设计。

1)第一方案——按允许流速 v_{max} 进行设计

因
$$
A = \frac{Q}{v_{max}} = \frac{3.5}{0.32} = 10.9 \text{ m}^2
$$

又
$$
R = (\frac{n\,v_{max}}{\sqrt{i}})^{3/2} = (\frac{0.025 \times 0.32}{\sqrt{0.005}})^{3/2} = 0.038 \text{ m}
$$

将 A、R 和 m 值代入

$$
\begin{cases}
A = (b + mh)h = f_1(b,h) \\[3mm]
R = \dfrac{A}{b + 2\sqrt{1 + m^2}\,h} = f_2(b,h)
\end{cases}
$$

联立解得　　　$\begin{cases} h = 0.04 \text{ m} \\ b = 287 \text{ m} \end{cases}$ 或 $\begin{cases} h = 137 \text{ m} \\ b = -206 \text{ m} \end{cases}$

显然,两组解答都没有意义,说明此渠道水流不可能以 v_{max} 通过。一般渠道的抗冲能力较小时,按此方案设计是难以成功的。

2)第二方案——按水力最优断面进行设计

由
$$
\beta_h = \frac{b}{h} = 2(\sqrt{1 + m^2} - m) = 2(\sqrt{1 + 1.5^2} - 1.5) = 0.61
$$

得
$$
A = (b + mh)h = (0.61h + 1.5h)h = 2.11h^2
$$

又水力最优时,　　　　　　$R = R_h = 0.5h$

将 A、R 及 n、i 值代入明渠均匀流基本公式,得

$$
Q = AC\sqrt{Ri} = A(\frac{1}{n}R^{1/6})\sqrt{Ri} = \frac{A}{n}R^{2/3}\sqrt{i}
$$

$$
= \frac{2.11h^2}{0.025} \times (0.5h)^{2/3}\sqrt{0.005} = 3.77h^{8/3}
$$

将设计流量 $Q = 3.5$ m³/s 代入上式,解得水力最优断面时,

$$h = (\frac{3.5}{3.77})^{3/8} = 0.98 \text{ m}$$

$$b = \beta_\text{h} h = 0.61 \times 0.98 = 0.60 \text{ m}$$

断面尺寸算出后,尚须检验渠道水流速度 v 是否在允许流速范围内。

因　　　　　　$v = C\sqrt{Ri} = \frac{1}{n}R^{2/3}i^{1/2} = \frac{1}{0.025} \times (0.5 \times 0.98)^{2/3} \times 0.005^{1/2}$

$$= 1.75 \text{ m/s} > v_\text{max} = 0.32 \text{ m/s}$$

所以渠道必须进行加固设计,才能保证安全输水。

6.3　无压圆管均匀流

无压圆管是指圆形断面不满流的长管道,主要用于市政工程中的排水管道以及交通土建工程中的泄洪圆形涵管。

6.3.1　无压圆管的几何要素

无压圆管的过流断面如图 6.5 所示。图中 θ、r、B 分别为充满角、管道半径和水面宽度。水流在管道中的充满程度可用水深 h 与管径 d 的比值,即充满度 $\alpha = h/d$ 表征。用数学方法可导得无压圆管的过流面积 A、湿周 χ、水力半径 R 和充满度 α 等几何要素计算式,即

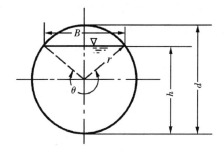

图 6.5　无压圆管均匀流

$$\begin{cases} A = \dfrac{d^2}{8}(\theta - \sin\theta) \\[2mm] \chi = \dfrac{d}{2}\theta \\[2mm] R = \dfrac{d}{4}(1 - \dfrac{\sin\theta}{\theta}) \\[2mm] \alpha = \dfrac{h}{d} = \sin^2(\dfrac{\theta}{4}) \end{cases} \tag{6-10}$$

为设计计算方便,可将过流面积 A、水力半径 R 分别改写成管径 d 和充满度 α 的函数,即

$$\begin{cases} A = [\dfrac{1}{4}\cos^{-1}(1-2\alpha) - \dfrac{1}{2}(1-2\alpha)\sqrt{\alpha(1-\alpha)}]d^2 = f(\alpha, d) \\[2mm] R = [\dfrac{1}{4} - \dfrac{(1-2\alpha)\sqrt{\alpha(1-\alpha)}}{2\cos^{-1}(1-2\alpha)}]d = f(\alpha, d) \end{cases} \tag{6-11}$$

6.3.2　无压圆管均匀流的特征

直径不变的长直顺坡无压圆管均匀流,与前述明渠均匀流一样,具有水力坡度 J、水面坡

度 J_p 和管道底坡 i 彼此相等,即 $J = J_p = i$。除此之外,无压圆管均匀流还具有断面平均流速和流量的最大值出现不在同一水流状态,且均在满流之前达到水力最优的特征(读者可根据前述水力最优概念自行分析)。

6.3.3　无压圆管的水力计算类型

无压圆管均匀流的基本公式仍是 $Q = AC\sqrt{Ri} = \dfrac{1}{n}AR^{2/3}i^{1/2}$,将其几何要素式(6-11)代入,可知 $Q = f(d, \alpha, n, i)$。由此可见,在管材一定(即粗糙系数 n 值确定)条件下,无压圆管均匀流水力计算主要包括以下4种类型:

(1)已知 d、α、i、n,求流量 Q;

(2)已知 Q、d、α、n,求管底坡度 i;

(3)已知 Q、d、i、n,求充满度 α 或水深 h;

(4)已知 Q、α、i、n,求管径 d。

无压圆管均匀流计算较为复杂,计算时可借助满流水力计算公式进行。首先假设有一条管径 d、坡度 i、粗糙系数 n 等均与待计算不满流管道相同的满流管道,并设其过流面积、水力半径、通过流量、断面平均流速分别为 A_0、R_0、Q_0、v_0。可以证明,A_0、R_0、Q_0、v_0 与不满流管道相应的 A、R、Q、v 之比只与充满度 α 有关,即

$$\begin{cases} \dfrac{R}{R_0} = 1 - \dfrac{2(1-2\alpha)\sqrt{\alpha(1-\alpha)}}{\cos^{-1}(1-2\alpha)} = f(\alpha) \\[3mm] \dfrac{A}{A_0} = \dfrac{1}{\pi}\left[\cos^{-1}(1-2\alpha) - 2(1-2\alpha)\sqrt{\alpha(1-\alpha)}\right] = f(\alpha) \\[3mm] \dfrac{Q}{Q_0} = \dfrac{A}{A_0}\left(\dfrac{R}{R_0}\right)^{2/3} = f(\alpha) \\[3mm] \dfrac{v}{v_0} = \left(\dfrac{R}{R_0}\right)^{2/3} = f(\alpha) \end{cases} \quad (6\text{-}12)$$

根据上式可制成图 6.6 和表 6-1,供水力计算时查用。

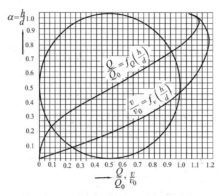

图 6.6　无压圆管均匀流计算图

表 6-1　无压圆管均匀流水力要素

$\alpha = h/d$	A/A_0	R/R_0	Q/Q_0	v/v_0
0.05	0.019	0.130	0.005	0.257
0.10	0.052	0.254	0.021	0.401
0.15	0.094	0.372	0.049	0.517
0.20	0.142	0.482	0.088	0.615
0.25	0.196	0.587	0.137	0.701
0.30	0.252	0.684	0.196	0.776
0.35	0.312	0.774	0.263	0.843
0.40	0.374	0.857	0.337	0.902
0.45	0.436	0.932	0.417	0.954
0.50	0.500	1.000	0.500	1.000
0.55	0.564	1.064	0.586	1.039
0.60	0.626	1.111	0.672	1.072
0.65	0.688	1.153	0.756	1.099
0.70	0.748	1.185	0.837	1.120
0.75	0.804	1.207	0.912	1.133
0.80	0.858	1.217	0.977	1.140
0.85	0.906	1.213	1.030	1.137
0.90	0.948	1.192	1.066	1.124
0.95	0.981	1.146	1.075	1.095
1.00	1.000	1.000	1.000	1.000

从图 6.6 或表 6-1 可知,对于无压圆管均匀流,流量最大出现在充满度 $\alpha = 0.95$ 时,而流速最大则出现在 $\alpha = 0.81$ 时。也就是说,无压圆管流动的水力最优发生在满流之前。

6.3.4　无压管道水力设计的规范要求

在进行无压管道均匀流水力计算时,还应符合原国家建设部颁发的《室外排水设计规范》中的相关规定:

(1)污水管道应按不满流计算,其最大设计充满度按表 6-2 采用;

(2)雨水管道和合流管道应按满流计算;

(3)排水管道的最大设计流速,金属管为 10 m/s,非金属管为 5 m/s;

(4)排水管道的最小流速,对设计充满度下的污水管道为 0.6 m/s,对含有金属、矿物固体或重油杂质的工业生产污水管道,宜适当加大。

另外,对最小管径和最小设计坡度等也有规定,设计时可参阅有关设计手册和规范。

表 6-2　最大设计充满度

管径 d 或暗渠高 H(mm)	最大设计充满度 $\alpha(h/d、h/H)$
200～300	0.55
350～450	0.65
500～900	0.70
≥1000	0.75

【例 6-3】　已知某污水管道设计流量 $Q = 100$ L/s,由于管道敷设处地形平坦,为降低水力坡度,减小管道埋深,拟采用较大管径 $d = 500$ mm 的钢筋混凝土管(粗糙系数 $n = 0.014$),试求最大设计充满度时的管底坡度 i。

【解】　从表 6-2 查得管径 $d = 500$ mm 时的最大设计充满度为 $\alpha = 0.70$,再从表 6-1 查得相应的 $Q/Q_0 = 0.837$。因满流时流量 $Q_0 = \dfrac{1}{n}A_0 R_0^{2/3} i^{1/2}$,代入 $Q/Q_0 = 0.837$,整理得

$$i = \left(\frac{nQ}{0.837 A_0 R_0^{2/3}}\right)^2$$

将 $A_0 = \pi d^2/4 = 3.14 \times 0.5^2/4 = 0.1963$ m^2,$R_0 = d/4 = 0.5/4 = 0.125$ m 代入上式,得管底坡度

$$i = \left(\frac{nQ}{0.837 A_0 R_0^{2/3}}\right)^2 = \left(\frac{0.014 \times 0.1}{0.837 \times 0.1963 \times 0.125^{2/3}}\right)^2 = 0.0012$$

【例 6-4】　已知某交通土建无压长直圆涵的管径 $d = 1500$ mm,涵底坡度 $i = 0.002$,管壁粗糙系数 $n = 0.014$,通过流量 $Q = 2.5$ m^3/s,试求涵洞内均匀流段水深 h。

【解】　满流流量

$$Q_0 = \frac{1}{n}A_0 R_0^{2/3} i^{1/2} = \frac{1}{0.014} \times \left(\frac{3.14}{4} \times 1.5^2\right) \times \left(\frac{1.5}{4}\right)^{2/3} \times 0.002^{1/2} = 2.934 \text{ m}^3/\text{s}$$

由 $\dfrac{Q}{Q_0} = \dfrac{2.5}{2.934} = 0.852$,查表 6-1 内插得充满度

$$\alpha = 0.70 + \frac{0.852 - 0.837}{0.912 - 0.837} \times (0.75 - 0.70) = 0.71$$

则涵洞均匀流段水深

$$h = \alpha d = 0.71 \times 1.5 = 1.07 \text{ m}$$

6.4　明渠恒定非均匀流的基本概念

从前述分析可知,明渠均匀流的形成条件非常苛刻,只有在渠道坡度、粗糙系数沿流程不变的长直顺坡棱柱形渠道中,才有可能形成恒定均匀流,否则就是恒定非均匀流。如渠底坡度或渠壁糙率或渠道断面形式沿流程发生变化,渠道中有桥、涵、堰等建筑物,都是破坏均匀流条件而造成非均匀流的因素。天然河流是典型的非均匀流。

本节主要介绍明渠恒定均匀流的基本概念,旨在为学习堰流奠定基础。

6.4.1 断面单位能量

1. 断面单位能量的定义

明渠恒定渐变流中单位重量流体相对于通过某过流断面最低点的基准面 0_1-0_1 如图6.7所示的机械能,称为断面单位能量或断面比能,用符号 e 表示。根据定义,对于棱柱形渠道,有

$$e = z + \frac{p}{\rho g} + \frac{\alpha v^2}{2g} = h + \frac{\alpha Q^2}{2gA^2} = f(h) \tag{6-13}$$

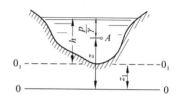

图6.7　断面单位能量

断面单位能量 e 与伯努利方程中的单位重量流体通过任意基准面 0-0 的总机械能 E 不同,前者所取的基准面因断面沿程位置而异,而后者的基准面则是沿流程不变的。由图6.7可知,两者的关系为

$$e = E - z_1 \tag{6-14}$$

式中,z_1 为任意基准面至某渠道过流断面最低点的铅垂距离,一般随流程 s 变化。

2. 断面单位能量沿流程的变化

由式(6-14),可得

$$\frac{de}{ds} = \frac{d(E - z_1)}{ds} = \frac{dE}{ds} - \frac{dz_1}{ds}$$

式中,$-dz_1/ds$ 为前述渠道底坡的定义,即 $i = -dz_1/ds$,将其代入上式,得

$$\frac{de}{ds} = \frac{dE}{ds} + i \tag{6-15}$$

实际流体由于黏性的存在,其机械能始终是沿流程减小的,即 $dE/ds < 0$。由此可见,对于平坡($i=0$)和逆坡($i<0$)渠道,$de/ds<0$,其断面单位能量 e 与总机械能 E 一样,沿流程不可能增加。但对于顺坡($i>0$)渠道,视 i 与 $|dE/ds|$ 的大小而异,其断面单位能量 e 则有可能沿程减小($de/ds<0$)、沿程不变($de/ds=0$)或沿程增加($de/ds>0$)。

3. 断面单位能量与水深的关系

从式(6-13)可以看出,在断面形式、尺寸和流量一定的条件下,当 $h \to 0$ 时,有 $A \to 0$,则 $e \approx \alpha Q^2/(2gA^2) \to \infty$,若以断面单位能量 e 为横坐标、以水深 h 为纵坐标,如图6.8所示,曲线 $e=f(h)$ 将以横轴为渐近线;当 $h \to \infty$ 时,$A \to \infty$,则 $e \approx h \to \infty$,曲线 $e=f(h)$ 又将以通过坐标原点与横轴成45°的直线为渐近线。由于 $e=f(h)$ 一般为连续函数,在其连续区间两端均为无穷大,故该函数必有一极小值 $e_{\min}$。除 $e_{\min}$ 对应的水深为单值外,其余任一可能的 e 值均对应大小不等的两个水深。

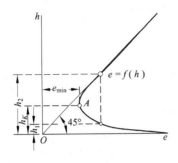

图 6.8 e—h 关系曲线

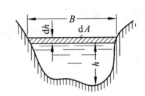

图 6.9 过流断面的水面宽度

6.4.2 临界水深

1. 临界水深的定义

在断面形状、尺寸和流量给定条件下,相应于断面单位能量 $e = e_{\min}$ 时的水深,称为临界水深,用符号 h_c 表示。

2. 临界水深的计算

临界水深 h_c 的计算可根据定义求得。考虑到 $\mathrm{d}A/\mathrm{d}h = B$(称为过流断面的水面宽度,如图 6.9),令

$$\frac{\mathrm{d}e}{\mathrm{d}h} = \frac{\mathrm{d}}{\mathrm{d}h}\left(h + \frac{\alpha Q^2}{2gA^2}\right) = 1 - \frac{\alpha Q^2}{gA^3}\frac{\mathrm{d}A}{\mathrm{d}h} = 1 - \frac{\alpha Q^2}{gA^3}B = 0 \tag{6-16}$$

得

$$\frac{\alpha Q^2}{g} = \frac{A_c^3}{B_c} \tag{6-17}$$

上式即为临界水深计算公式。式中,A_c、B_c 分别为相应于临界水深时的过流面积和水面宽度。式(6-17)一般为关于 h_c 的非线性方程,通常应试算求解。但对于矩形断面渠道,由于水面宽度 B_c 等于底宽 b,代入式(6-17)可得

$$h_c = \sqrt[3]{\frac{\alpha Q^2}{gb^2}} \tag{6-18}$$

【**例 6-5**】 已知某梯形断面渠道的底宽 $b = 3\,\mathrm{m}$,边坡系数 $m = 2$,通过流量 $Q = 8\,\mathrm{m}^3/\mathrm{s}$,试求相应的临界水深 h_c。

【**解**】 将 $A_c = (b + mh_k)h_c$,$B_c = b + 2mh_c$ 代入式(6-17)

$$\frac{\alpha Q^2}{g} = \frac{\left[(b + mh_c)h_c\right]^3}{b + 2mh_c}$$

上式为关于 h_c 的方程,可采用如下公式迭代求解:

$$h_{c(j+1)} = \sqrt[3]{\frac{\alpha Q^2}{g}\frac{\sqrt[3]{b + 2mh_{c(j)}}}{b + mh_{c(j)}}} = \sqrt[3]{\frac{1.0 \times 8^2}{9.8}\frac{\sqrt[3]{3 + 2 \times 2h_{c(j)}}}{3 + 2h_{c(j)}}} = 1.869 \times \frac{\sqrt[3]{3 + 4h_{c(j)}}}{3 + 2h_{c(j)}}$$

取初值 $j = 0$,$h_{c(0)} = 0$ 进行迭代,得

第 1 次近似值
$$h_{c(1)} = 1.869 \times \frac{\sqrt[3]{3 + 4 \times 0}}{3 + 2 \times 0} = 0.899 \text{ m}$$

第 2 次近似值
$$h_{c(2)} = 1.869 \times \frac{\sqrt[3]{3 + 4 \times 0.899}}{3 + 2 \times 0.899} = 0.731 \text{ m}$$

第 3 次近似值
$$h_{c(3)} = 1.869 \times \frac{\sqrt[3]{3 + 4 \times 0.731}}{3 + 2 \times 0.731} = 0.758 \text{ m}$$

第 4 次近似值
$$h_{c(4)} = 1.869 \times \frac{\sqrt[3]{3 + 4 \times 0.758}}{3 + 2 \times 0.758} = 0.753 \text{ m}$$

因 $\left| \dfrac{h_{c(4)} - h_{c(3)}}{h_{c(4)}} \right| = \left| \dfrac{0.753 - 0.758}{0.753} \right| = 0.007 < 1\%$，迭代终止，渠道的临界水深为

$$h_c \approx h_{c(4)} = 0.753 \text{ m}$$

6.4.3　临界坡度

1. 临界坡度的定义

在棱柱形渠道中，当断面形状、尺寸和流量一定条件下，若渠道的正常水深 h_0（即均匀流水深，为区别于非均匀流水深 h，以后加下标"0"标示）等于临界水深 h_c 时，所对应的渠底坡度，称为临界坡度，用符号 i_c 表示。

2. 临界坡度的计算

根据定义，临界坡度 i_c 可由均匀流基本公式 $Q = A_c C_c \sqrt{R_c i_c}$ 与临界水深计算公式 $\alpha Q^2 / g = A_c^3 / B_c$ 联立求得

$$i_c = \frac{Q^2}{A_c^2 C_c^2 R_c} = \frac{g \, \chi_c}{\alpha C_c^2 B_c} \tag{6-19}$$

临界坡度 i_c 是为了计算或分析方便而引入的一个假想坡度。将实际的渠底坡度 i 与某一流量下的临界坡度 i_c 比较，可将顺坡渠道分成急坡或陡坡（$i > i_c$，$h_0 < h_c$）、缓坡（$i < i_c$，$h_0 > h_c$）和临界坡（$i = i_c$，$h_0 = h_c$）3 种情况。必须指出，上述关于渠道的缓、急之称，是相对于一定流量而言的。

6.4.4　明渠水流流动现象

1. 明渠水流流动现象

观察发现，明渠水流有两种截然不同的流动现象。一种常见于底坡平缓的渠道或枯水季节的平原河流，水流徐缓，如遇暗礁孤石等水中障碍物阻水，障碍物前水面壅高，干扰影响能逆流上传至较远地方，如图 6.10（a）所示；另一种多见于山区和丘陵地区河流，水流湍急，若遇障碍物阻水，则水面仅在障碍物附近隆起，障碍物的干扰对上游来流无影响，如图 6.10（b）所示。上述两种流动现象，前者称为缓流，后者称为急流。

2. 明渠水流流动现象判别

明渠水流流动现象的判别有多种方法，但各种方法都是等价的。下面仅介绍工程中常用

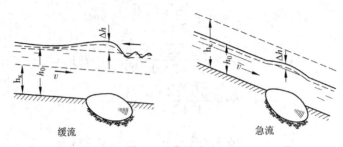

图 6.10　明渠水流流动现象

的临界水深法和弗劳德数法。

1）临界水深法

将渠道的水深 h 与相应的临界水深 h_k 进行比较，若

$$\begin{cases} h > h_c, & \text{缓流} \\ h = h_c, & \text{临界流} \\ h < h_c, & \text{急流} \end{cases} \tag{6-20}$$

2）弗劳德数法

由 $e-f(h)$ 关系曲线图(6-8)可知，$de/dh = 1 - \alpha Q^2 B/(gA^3) = 1 - Fr^2 = 0$ 将曲线分成上下两支，上支 $de/dh > 0, h > h_c$；下支 $de/dh < 0, h < h_c$。据式(6-20)可得

$$\begin{cases} Fr < 1, & \text{缓流} \\ Fr = 1, & \text{临界流} \\ Fr > 1, & \text{急流} \end{cases} \tag{6-21}$$

式中，$Fr = \sqrt{\alpha Q^2 B/(gA^3)}$ 称为弗劳德数，为无量纲量。

尚须指出，在明渠非均匀流动中，急坡、缓坡、临界坡与急流、缓流、临界流并不一定存在对应关系。换句话说，急坡渠道的流动状态不一定是急流，缓坡渠道的流动状态也不一定是缓流。只有在均匀流动时，它们才存在对应关系。

【例 6-6】　一矩形断面棱柱形排水渠道，底坡 $i = 0.002$，粗糙系数 $n = 0.025$，底宽 $b = 1.6$ m，正常水深 $h_0 = 0.92$ m 时通过流量 $Q = 1.5$ m³/s，试判别该明渠水流的流动现象。

【解】　分别用临界水深法和弗劳德数法判别。

1）临界水深法

$$h_c = \sqrt[3]{\frac{\alpha Q^2}{gb^2}} = \sqrt[3]{\frac{1.0 \times 1.5^2}{9.8 \times 1.6^2}} = 0.45 \text{ m} < h_0 = 0.92 \text{ m}$$

据式(6-20)知，渠道水流现象为缓流。

2）弗劳德数法

$$Fr = \sqrt{\frac{\alpha Q^2 B}{gA^3}} = \sqrt{\frac{\alpha Q^2}{gb^2 h_0^3}} = \sqrt{\frac{1.0 \times 1.5^2}{9.8 \times 1.6^2 \times 0.92^3}} = 0.34 < 1$$

据式(6-21)知，渠道水流现象为缓流。

习　题

一、单项选择题

1. 明渠中不可能出现的流动为(　　)。

A. 恒定均匀流

B. 恒定非均匀流

C. 非恒定均匀流

D. 非恒定非均匀流

2. 对于有压管道均匀流,必有(　　)。

A. $i = J_P$　　　　B. $i = J$　　　　C. $J = J_P$　　　　D. $i = J_P = J$

3. 梯形断面渠道的正常水深 $h_0 = ($　　$)$。

A. $f(Q, b, m)$　　B. $f(Q, b, m, n)$　　C. $f(Q, b, m, i)$　　D. $f(Q, b, m, n, i)$

4. 水力最优断面是指(　　)的渠道断面。

A. 造价最低

B. 糙率最小

C. 在 Q、i、n 一定时,过流面积 A 最大

D. 在 A、i、n 一定时,通过流量 Q 最大

5. 欲使水力最优梯形断面渠道的水深和底宽相等,则渠道的边坡系数 m 应为(　　)。

A. 1.5　　　　B. 1.0　　　　C. 0.75　　　　D. 0.5

6. 有过水断面面积、糙率、底坡均相同的 4 条矩形断面棱柱形长直渠道,其底宽 b 与均匀流水深 h_0 有以下几种情况,则通过流量最大的渠道是(　　)。

A. $b_1 = 4.0$ m, $h_{01} = 1.0$ m

B. $b_2 = 2.0$ m, $h_{02} = 2.0$ m

C. $b_3 = 2.8$ m, $h_{03} = 1.4$ m

D. $b_4 = 2.6$ m, $h_{04} = 1.5$ m

7. 对于平坡和逆坡棱柱形明渠流动,必有(　　)。

A. $\dfrac{\mathrm{d}e}{\mathrm{d}s} > 0$　　　B. $\dfrac{\mathrm{d}e}{\mathrm{d}s} = 0$　　　C. $\dfrac{\mathrm{d}e}{\mathrm{d}s} < 0$　　　D. $\dfrac{\mathrm{d}e}{\mathrm{d}s} = \dfrac{\mathrm{d}E}{\mathrm{d}s} < 0$

8. 临界水深是指在流量和断面形式一定条件下,(　　)时的水深。

A. $\dfrac{\mathrm{d}e}{\mathrm{d}s} = 0$　　　B. $\dfrac{\mathrm{d}E}{\mathrm{d}s} = 0$　　　C. $\dfrac{\mathrm{d}e}{\mathrm{d}h} = 0$　　　D. $\dfrac{\mathrm{d}e}{\mathrm{d}s} = \dfrac{\mathrm{d}E}{\mathrm{d}s} = 0$

9. 矩形断面渠道最小断面比能 $e_{\min}$ 与相应的临界水深 h_k 之比 $e_{\min}/h_c = ($　　$)$。

A. 2.0　　　　B. 1.5　　　　C. 1.0　　　　D. 0.5

10. 在 Q、b、m、i 一定的长直棱柱形渠道中,若增大渠壁糙率 n,则其正常水深 h_0 和临界水深 h_c 将分别(　　)。

A. 增大、减小　　B. 增大、不变　　C. 减小、增大　　D. 减小、不变

二、计算分析题

11. 某铁路路基排水采用梯形断面渠道,已知底宽 $b = 0.4$ m,边坡系数 $m = 1$,粗糙系数 $n = 0.025$,渠底坡度 $i = 0.002$,设计水深 $h = 0.6$ m,试求渠道的通过能力 Q。

12. 已知某梯形断面混凝土渠道的通过能力 $Q = 1.2$ m³/s,渠底坡度 $i = 0.005$,边坡系数 $m = 1.5$,粗糙系数 $n = 0.030$,底宽 $b = 0.42$ m,试求正常水深 h_0。

13. 试按水力最优条件设计一路基排水沟的断面尺寸。设计流量 $Q = 1.0$ m³/s,沟底坡度

依地形条件采用 $i = 0.004$，断面采用边坡系数 $m = 1$ 的梯形，并用小片石干砌护面（粗糙系数 $n = 0.020$）。

14. 有一在土层开挖的梯形断面渠道，已知 $n = 0.020$，$i = 0.0016$，$m = 1.5$，设计流量 $Q = 2 \text{ m}^3/\text{s}$，若允许流速 $v_{\max} = 1.0 \text{ m/s}$，试决定渠道的断面尺寸。

15. 已知某矩形断面排水暗渠的设计流量 $Q = 0.6 \text{ m}^3/\text{s}$，渠宽 $b = 0.8 \text{ m}$，砖砌护面的粗糙系数 $n = 0.014$，若要求渠道水深 $h = 0.4 \text{ m}$，试决定渠道底坡 i。

16. 已知某钢筋混凝土圆形断面污水管的管径 $d = 1000 \text{ mm}$，管壁粗糙系数 $n = 0.014$，管底坡度 $i = 0.002$，试求最大充满度时的流速 v 和流量 Q。

17. 有一条长直钢筋混凝土圆形断面排水管，已知 $d = 500 \text{ mm}$，$n = 0.014$，若设计流量 $Q = 0.3 \text{ m}^3/\text{s}$，试决定在最大充满度下的管底坡度 i。

18. 已知某梯形断面土渠的 $b = 12 \text{ m}$，$m = 1.5$，$n = 0.025$，通过流量 $Q = 18 \text{ m}^3/\text{s}$，试求渠道的临界水深 h_c 和临界坡度 i_c（取动能修正系数 $\alpha = 1.1$）。

19. 某山区河流在一跌坎处形成瀑布，过流断面近似为 $b = 11.0 \text{ m}$ 的矩形。在水文勘测时，测得山洪暴发时跌坎顶上的洪痕深度 $h = 1.2 \text{ m}$（认为 $h_c = 1.25 h$），试估算山洪流量 Q。

20. 有一条过流断面为梯形的人工运河，已知 $b = 45 \text{ m}$，$m = 2.0$，$n = 0.025$，$i = 0.0003$，$Q = 500 \text{ m}^3/\text{s}$，试判别在恒定均匀流情况下的水流流动现象（急流或缓流）。

第 7 章 堰 流

本章讨论堰流及其水力计算。堰在工程中应用较广。在水利水电工程中,常用作引水灌溉、宣泄洪水的水工建筑物;在给水排水工程中,堰是常用的溢流设施和量水设备;在铁路公路工程中,宽顶堰理论是小桥涵洞孔径设计的水力计算基础。

7.1 堰流的定义及堰的分类

7.1.1 堰流的定义

无压缓流经障壁溢流时,上游发生壅水,然后水面跌落,这一局部水力现象称为堰流,障壁称为堰。

堰对水流的约束,或者是侧向约束,或者是竖向(底坎)约束,前者如铁路公路工程中的小桥涵洞,后者如水利水电工程中的闸坝等水工建筑物。

堰流问题主要研究水流流经堰的流量 Q 与其他特征量的关系。堰流特征量,除流量外,还有堰宽 b,堰顶水深(或称堰前水头)H,堰壁厚度 δ 及其剖面形状,下游水深 h 及下游水位高出底坎的高度 Δ,堰上下游坎高 p、p',上游行近流速 v_0 等,如图 7.1 所示。

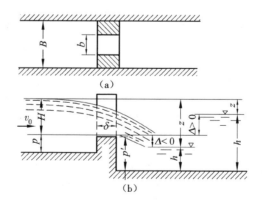

图 7.1 堰流
(a)平面;(b)剖面

7.1.2 堰的分类

根据堰流的水力特点,将堰进行分类。

1. 按相对堰厚分类

按堰顶厚度 δ 与堰前水头 H 的比值 δ/H（或称相对堰厚），可将堰分为薄壁堰、实用堰和宽顶堰 3 种基本类型。

1）薄壁堰

$\delta/H < 0.67$，水流越过堰顶时，堰顶厚度 δ 不影响水流的特性，如图 7.2（a）所示。薄壁堰根据堰口的形状不同，一般有矩形堰、三角堰、梯形堰等。薄壁堰主要用作量测流量的设备。

2）实用堰

$0.67 < \delta/H < 2.5$，堰顶厚度 δ 已对水舌的形状有一定影响。实用堰的纵剖面可以是曲线形，如图 7.2（b），也可以是折线形，如图 7.2（c）。实用堰主要用作水利工程中的溢流建筑物。

3）宽顶堰

$2.5 < \delta/H < 10$，堰顶厚度 δ 对水流的影响比较明显，如图 7.2（d）所示。宽顶堰主要用作水利工程中的引水、泄洪建筑物。

当 $\delta/H > 10$ 时，沿程水头损失将逐渐起主要作用，不再属于堰流的范畴。

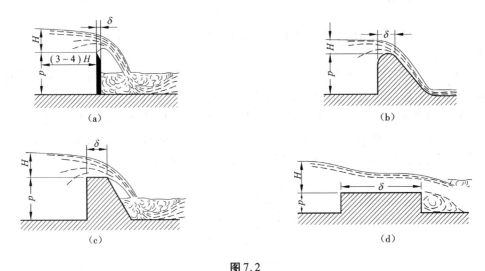

图 7.2

（a）薄壁堰；（b）实用堰（曲线形）；（c）实用堰（折线型）；（d）宽顶堰

2. 按堰流与下游水位的连接方式分类

按堰流与下游水位的连接方式，可将堰分为自由式堰和淹没式堰。当堰下游水深足够小，不影响堰的过流能力时，称为自由式堰，否则称为淹没式堰。开始影响堰流性质的下游水深，称为淹没标准。

3. 按堰前渠宽与堰宽的关系分类

按堰前渠道宽度 B 与堰宽 b 的关系，可将堰分为侧收缩堰（$b < B$）和无侧收缩堰（$b = B$）。

7.1.3 堰流水力计算的特点

由于堰流的研究范围为 $0 < \delta/H < 10$，水头损失主要是局部损失，沿程损失可以忽略不计（如宽顶堰、实用堰），或无沿程损失（如锐缘薄壁堰）。

7.2 堰流基本公式

薄壁堰、实用堰和宽顶堰的水流特点实际上是有差别的，这种差别主要来自于堰流边界条件的不同，同时，也具有共性，即堰流问题都是可以不计或无沿程水头损失。水头损失只计局部损失的共性是堰流的主要矛盾，因此，可以理解，堰流问题应具有相同结构形式的基本公式，而差别则仅表现在某些系数数值的不同上。

现以自由溢流的无侧收缩矩形薄壁堰为例，推求堰流基本公式。如图 7.3 所示，过流断面 1-1 取在离堰壁上游 $(3 \sim 5)H$ 处（据实验和观测证实，此处水面尚无明显降落），过流断面 2-2 的中心与堰顶同高，基准面 0-0 与堰顶平面重合。在 $1 \rightarrow 2$ 建立恒定总流的伯努利方程

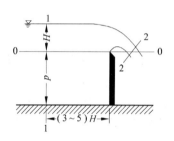

图 7.3 推求堰流基本公式

$$H + \frac{a_0 v_0^2}{2g} = \frac{p_2}{\rho g} + \frac{a_2 v_2^2}{2g} + \zeta \frac{v_2^2}{2g}$$

式中：ζ 为堰进口所引起的局部阻力系数；p_2 为 $2-2$ 断面的平均相对压强，可略去不计。

若令 $H_0 = H + \frac{a_0 v_0^2}{2g}$，称为作用水头，则由上式可得

$$v_2 = \frac{1}{\sqrt{a_2 + \zeta}} \sqrt{2gH_0} = \varphi \sqrt{2gH_0}$$

故

$$Q = v_2 A_2 = \varphi b e \sqrt{2gH_0}$$

式中：φ 为流速系数；b 为堰宽；e 为过流断面 2-2 上水舌厚度，由实验得知 $e = kH_0$，这里 k 为系数，则上式成为

$$Q = \varphi k b \sqrt{2g} H_0^{1.5} = mb \sqrt{2g} H_0^{1.5} \tag{7-1}$$

式中，$m = k\varphi$，称为堰流流量系数，由实验确定。

如果将行近流速 v_0 的影响纳入流量系数中考虑，则式（7-1）可改写为

$$Q = m_0 b \sqrt{2g} H^{1.5} \tag{7-2}$$

式中，$m_0 = m\left(1 + \frac{a_0 v_0^2}{2g}/H\right)^{1.5}$，为计及行近流速 v_0 的堰流流量系数。采用式（7-1）或式（7-2）进行堰流计算，各有方便之处。

式（7-1）或式（7-2）虽然是根据矩形薄壁堰推导出来的流量计算公式，但若仿此对实用堰或宽顶堰进行推导，将得到与式（7-1）或式（7-2）相同形式的流量公式，故式（7-1）或式（7-2）称

为堰流基本公式。

如果下游水位影响堰流性质,在相同水头 H 作用下,其过流能力 Q 将小于自由式堰流的流量,可用淹没系数 σ 表明其影响,故淹没式堰流基本公式为

$$Q = \sigma m b \sqrt{2g} H_0^{1.5} \tag{7-3}$$

$$Q = \sigma m_0 b \sqrt{2g} H^{1.5} \tag{7-4}$$

以下分别讨论薄壁堰溢流和宽顶堰溢流的水流特点及水力计算。至于实用堰,因其主要用于水利工程,在此不作讨论,读者可参阅有关水利类的水力学教材。

7.3 薄壁堰溢流

薄壁堰按堰口形状不同,一般有矩形堰、三角堰和梯形堰等。

7.3.1 矩形堰

堰口形状为矩形的薄壁堰,称为矩形堰,如图 7.4 所示。

图 7.5 是根据法国工程师巴赞(H. Bazin)的实测数据,用堰顶水头 H 作为参数绘制的经无侧收缩、水舌通风的自由式矩形薄壁堰的溢流。由图可知,当相对堰厚 $\delta/H < 0.67$ 时,堰顶厚度不影响堰流性质,这正是薄壁堰的水力特点。

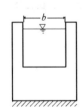

图 7.4 矩形堰溢流　　　　图 7.5 巴赞实测数据

由于薄壁堰主要用作量水设备,对于无侧收缩矩形堰,其流量计算用式(7-2)较为方便。堰顶水头 H 一般在上游大于 $3H$ 的地方量测,流量系数 m_0 大致为 $0.42 \sim 0.50$,可采用巴赞公式计算:

$$m_0 = \left(0.405 + \frac{0.0027}{H}\right)\left[1 + 0.55\left(\frac{H}{H+p}\right)^2\right] \tag{7-5}$$

式中,H、p 均以 m 计。

上式适用条件为 $0.05\ \text{m} \leqslant H \leqslant 1.24\ \text{m}$,$0.24\ \text{m} \leqslant p \leqslant 1.13\ \text{m}$ 及 $0.2\ \text{m} \leqslant b \leqslant 2.0\ \text{m}$。

对于有侧收缩($B > b$)矩形堰,与无侧收缩时相比,在相同 H、p、b 条件下其过流能力将减小。流量系数可用修正的巴赞公式计算:

$$m_0 = \left(0.405 + \frac{0.0027}{H} - 0.03\frac{B-b}{H}\right)\left[1 + 0.55\left(\frac{b}{B}\right)^2\left(\frac{H}{H+p}\right)^2\right] \tag{7-6}$$

当下游水位高于堰顶且下游发生淹没水跃时,将会影响堰的过流性质,形成淹没式堰流。由于淹没式堰流下游水面波动较大,溢流很不稳定,故一般情况下用于量测流量的薄壁堰,不宜在淹没条件下工作。

7.3.2 三角堰

堰口形状为三角形的薄壁堰,称为三角形堰,简称三角堰,如图7.6所示。

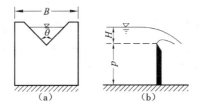

图7.6 三角堰溢流

若量测的流量 $Q < 0.1$ m³/s 时,采用矩形薄壁堰则因堰顶水头过小,测量水头的相对误差增大,一般改用三角形薄壁堰。三角堰由于 $b = f(H)$,故其流量公式可写为

$$Q = m_s \sqrt{2g} H^{2.5} \tag{7-7}$$

式中,m_s 为三角堰流量系数。当 $\theta = 90°$,$H = 0.05 \sim 0.25$ m 时,根据汤姆逊(P. W. Thomason)的实验得 $m_s = 0.316$。

7.3.3 梯形堰

堰口形状为梯形的薄壁堰,称为梯形堰,如图7.7所示。

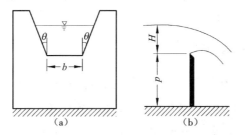

图7.7 梯形堰溢流

梯形堰的量程应介于三角堰和矩形堰之间。实际上,梯形堰是矩形堰(中间部分)和三角堰(两侧部分合成)的组合堰,因此梯形堰堰流的流量应为两堰流量之和,即

$$Q = m_0 b \sqrt{2g} H^{1.5} + m_s \sqrt{2g} H^{2.5} = \left(m_0 + \frac{H}{b} m_s \right) b \sqrt{2g} H^{1.5}$$

若令 $m_t = m_0 + \dfrac{H}{b} m_s$ 为梯形堰流量系数,则得

$$Q = m_t b \sqrt{2g} H^{1.5} \tag{7-8}$$

意大利学者西波利地(Cipoletti)实验研究表明,当 $\theta=14°$ 时,流量系数 m_t 不随 H 和 b 变化,且约为0.42。

应该指出,利用薄壁堰作为量水设备时,堰顶水头 H 的测量位置必须在堰壁上游 $3H$ 处或更远。为了减小水面波动,提高量测精度,在堰槽上游一般应设置整流栅。

7.4　宽顶堰溢流

许多水工建筑物的过流特性,从流体力学的观点来看,都属于宽顶堰溢流。例如,交通土建工程中的小桥涵洞过流、施工围堰过流,水利工程中的节制闸、分洪闸,灌溉工程中的进水闸、分水闸、排水闸等,当闸门全开时都具有宽顶堰的水力性质。因此,宽顶堰流理论与水工建筑物的设计有密切关系。

宽顶堰溢流的水流现象是极为复杂的,根据其主要特点,抽象出的计算图形如图7.8所示。

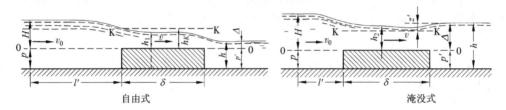

图7.8　宽顶堰溢流

以下先讨论自由式无侧收缩宽顶堰溢流,然后再考虑淹没和侧收缩的影响。在实际工程中,宽顶堰堰口形状一般为矩形。

7.4.1　自由式无侧收缩宽顶堰

自由式宽顶堰的水流特点如图7.8(a)所示,在进口不远处形成小于堰顶临界水深 h_k(图中 K-K 线为临界水深线)的收缩水深 h_1(即水面第一次降落),然后形成流线近似平行于堰顶的渐变流,最后在出口(堰尾)水面再次降落(即水面第二次降落)。

自由式无侧收缩宽顶堰溢流流量可采用式(7-1)计算,其流量系数 m 与堰的进口形式和相对堰高 p/H 有关,可按经验公式计算。

对于直角边缘进口,

$$m = \begin{cases} 0.32 & (p/H > 3) \\ 0.32 + 0.01 \dfrac{3 - \dfrac{p}{H}}{0.46 + 0.75 \dfrac{p}{H}} & (0 \leqslant p/H \leqslant 3) \end{cases} \tag{7-9}$$

对于圆角边缘进口(圆弧半径 $r \geq 0.2H$),

$$m = \begin{cases} 0.36 & (p/H > 3) \\ 0.36 + 0.01 \dfrac{3 - \dfrac{p}{H}}{1.2 + 1.5\dfrac{p}{H}} & (0 \leq p/H \leq 3) \end{cases} \tag{7-10}$$

根据理论推导,宽顶堰的流量系数最大不超过 0.385,因此,宽顶堰的流量系数 m 的变化范围应在 0.32~0.385 之间。

7.4.2　淹没影响

从图 7.8(a)可见,如果下游水位低于堰顶,即 $\Delta = h - p' < 0$,下游水流绝对不会影响堰顶水流的性质。由此可知,$\Delta = h - p' > 0$ 是下游水流影响堰顶水流性质且形成淹没式堰的必要条件。至于充分条件,则是堰顶水流由急流全部转变成缓流,如图 7.8(b)所示。由于堰壁的影响,堰下游的水流情况十分复杂,目前用理论分析方法确定宽顶堰淹没式溢流的充分条件尚有困难,在实际工程设计中,一般用实验成果判别,即

$$\Delta = h - p' \geq 0.8H_0 \tag{7-11}$$

淹没式溢流由于受下游水位的顶托,堰的通过能力将降低,其流量采用式(7-3)计算,式中淹没系数 σ 随淹没度 Δ/H_0 的增加而减小,其实验结果见表 7-1。

表 7-1　淹没系数 σ

Δ/H_0	0.80	0.81	0.82	0.83	0.84	0.85	0.86	0.87	0.88	0.89
σ	1.00	0.995	0.99	0.098	0.97	0.96	0.95	0.93	0.90	0.87
Δ/H_0	0.90	0.91	0.92	0.93	0.94	0.95	0.96	0.97	0.98	
σ	0.84	0.82	0.78	0.74	0.70	0.65	0.59	0.50	0.40	

7.4.3　侧收缩影响

如果堰前引水渠道宽度 B 大于堰宽 b,水流进堰后,将在堰的侧壁发生分离,形成立轴漩涡,使堰流的实际过流宽度小于堰宽,同时也增加了水头损失,造成堰的过流能力降低。若用侧收缩系数 ε 考虑上述影响,则有侧收缩宽顶堰的流量公式,则只应在无侧收缩宽顶堰流量公式基础上将过流宽度加以修正

$$Q = m\varepsilon b \sqrt{2g} H_0^{1.5} \quad (自由式) \tag{7-12}$$

$$Q = \sigma m\varepsilon b \sqrt{2g} H_0^{1.5} \quad (淹没式) \tag{7-13}$$

式中,侧收缩系数 ε 一般与相对堰高 p/H、收缩比 b/B 和墩头形状(用墩形系数 a 表征)等有关,可用基于实测资料的经验公式计算:

$$\varepsilon = 1 - \frac{a}{\sqrt[3]{0.2 + \dfrac{p}{H}}} \sqrt[4]{\frac{b}{B}} \left(1 - \frac{b}{B} \right) \tag{7-14}$$

式中,a 为墩形系数:直角边缘 $a = 0.19$,圆形边缘 $a = 0.10$。

【例 7-1】 求流经直角进口有侧收缩宽顶堰的流量 Q。已知堰前引水渠道宽度 $B = 1.88$ m,堰宽 $b = 1.28$ m,堰顶水头 $H = 0.85$ m,堰高 $p = p' = 0.50$ m,堰下游水深 $h = 1.12$ m。取墩形系数 $a = 0.19$,动能修正系数 $\alpha = 1.0$。

【解】 1)判别出流形式

因
$$\Delta = h - p' = 1.12 - 0.50 = 0.62 \text{ m} > 0$$
$$0.8H_0 > 0.8H = 0.8 \times 0.85 = 0.68 \text{ m} > \Delta$$

满足宽顶堰淹没的必要条件,但不满足充分条件,故为自由式宽顶堰。

2)计算流量系数 m

因 $\dfrac{p}{H} = \dfrac{0.50}{0.85} = 0.588 < 3$,则由式(7-9)得

$$m = 0.32 + 0.01 \frac{3 - 0.588}{0.46 + 0.75 \times 0.588} = 0.347$$

3)计算侧收缩系数 ε

$$\varepsilon = 1 - \frac{0.19}{\sqrt[3]{0.2 + 0.588}} \sqrt[4]{\frac{1.28}{1.88}} \left(1 - \frac{1.28}{1.88} \right) = 0.94$$

4)计算流量 Q

由于宽顶堰流量计算式为高次方程,计算中通常采用迭代方法求解。

将 $H_0 = H + \dfrac{aQ^2}{2g[B(H + p)]^2}$ 代入式(7-12),并写成迭代式

$$Q_{(j+1)} = m\varepsilon b \sqrt{2g} \left[H + \frac{aQ_{(j)}^2}{2 \times 9.8 \times 1.88^2 \times (0.85 + 0.50)^2} \right]^{1.5}$$

式中,下标 j 为迭代循环变量。将有关数据代入上式

$$Q_{(j+1)} = 0.347 \times 0.94 \times 1.28 \times \sqrt{2 \times 9.8} \times \left[0.85 + \frac{1.0 \times Q_{(j)}^2}{2 \times 9.8 \times 1.88^2 \times (0.85 + 0.50)^2} \right]^{1.5}$$

得
$$Q_{(j+1)} = 1.848 \times \left[0.85 + \frac{Q_{(j)}^2}{126.252} \right]^{1.5}$$

取初值($j = 0$)$Q_{(0)} = 0$,代入上式得

第 1 次迭代近似值:$Q_{(1)} = 1.848 \times 0.85^{1.5} = 1.448$ m³/s

第 2 次迭代近似值:$Q_{(2)} = 1.848 \times \left[0.85 + \dfrac{1.448^2}{126.252} \right]^{1.5} = 1.491$ m³/s

第 3 次迭代近似值:$Q_{(3)} = 1.848 \times \left[0.85 + \dfrac{1.491^2}{126.252} \right]^{1.5} = 1.493$ m³/s

检查计算精度

$$\left| \frac{Q_{(3)} - Q_{(2)}}{Q_{(3)}} \right| = \left| \frac{1.493 - 1.491}{1.493} \right| \approx 0.001$$

若此计算误差已小于要求的误差限值,则

$$Q \approx Q_{(3)} = 1.493 \text{ m}^3/\text{s}$$

5)校核堰上游水流流动状态

因

$$v_0 = \frac{Q}{B(H+p)} = \frac{1.493}{1.88 \times (0.85+0.50)} = 0.588 \text{ m/s}$$

$$Fr = \frac{v_0}{\sqrt{g(H+p)}} = \frac{0.588}{\sqrt{9.8 \times (0.85+0.50)}} = 0.162 < 1$$

故上游确为缓流,缓流流经障壁形成堰流,上述计算有效。

对于淹没式宽顶堰流计算,尚须考虑淹没系数,即每次迭代时,应根据 $\Delta/H_{0(n)}$ 从表 7-1 中查出淹没系数 σ_n,代入流量迭代式进行迭代计算:

$$Q_{(n+1)} = \sigma_{(n)} m\varepsilon b \sqrt{2g} \left[H + \frac{aQ_{(n)}^2}{2gb^2(H+p)^2} \right]^{1.5}$$

从上述计算可知,用迭代法求解宽顶堰流量高次方程,是一种行之有效的方法,但计算较为烦琐,可编制程序,用计算机求解。

7.5 小桥(涵)孔径的水力计算

有关交通土建工程中的小桥、无压短涵洞以及水利工程中的灌溉节制闸等的孔径计算,基本上都应用宽顶堰流理论。

以下讨论小桥孔径的水力计算。从流体力学的观点来看,无压短涵洞和节制闸的孔径计算原则上与小桥孔径的水力计算方法相同。

7.5.1 小桥过流的水力特征

实验与观测表明,小桥的过流情况与上节所述宽顶堰流基本相同,只是这里堰流的发生是由于桥头路堤或桥梁墩台约束了缓流河道过流断面面积而引起侧向收缩的结果。因桥下河床一般无竖向约束,坎高 $p = p' = 0$,故小桥过流又可称为无坎宽顶堰流。

与宽顶堰溢流一样,小桥过流也分为自由式和淹没式过流两种情况,其抽象出的水力计算图形如图 7.9 所示。

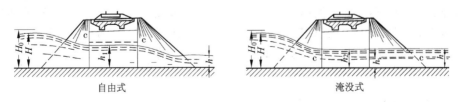

图 7.9 小桥过流

小桥过流的淹没标准原则上可采用宽顶堰流淹没标准,但在铁路、公路桥梁设计规范中习

惯采用桥下游水深 $h \geq 1.3h_c$，这里 h_c 为桥孔水流的临界水深。当桥下游水深 $h < 1.3h_c$ 时，桥下水深 $h_1 < h_c$，桥孔水流流动状态为急流，小桥过流形式为自由式，如图 7.9（a）所示；当桥下游水深 $h \geq 1.3h_c$ 时，桥下水深 $h_1 > h_c$，桥孔水流流动状态为缓流，小桥过流形式为淹没式，如图 7.9（b）所示。

7.5.2　小桥孔径的水力计算公式

自由式小桥过流时，桥下水深 $h_1 < h_c$，计算时可令 $h_1 = \psi h_c$，这里 ψ 为垂向收缩系数，它与小桥进口形式有关，非平滑进口 $\psi = 0.75 \sim 0.80$，平滑进口 $\psi = 0.80 \sim 0.85$，有的设计方法认为 $\psi = 1.0$。

淹没式小桥过流时，桥下水深 $h_1 > h_k$，计算时可令 $h_1 = h$，即认为淹没式小桥的桥下水深等于桥下游水深。

小桥孔径的水力计算公式可由恒定总流的伯努利方程和连续性方程导得。

自由式：
$$\begin{cases} v = \varphi \sqrt{2g(H_0 - \psi h_c)} \\ Q = \varepsilon\, b\, \psi\, h_c \varphi \sqrt{2g(H_0 - \psi h_c)} \end{cases} \tag{7-15}$$

淹没式：
$$\begin{cases} v = \varphi \sqrt{2g(H_0 - h)} \\ Q = \varepsilon\, b\, h\, \varphi \sqrt{2g(H_0 - h)} \end{cases} \tag{7-16}$$

式中，ε 和 φ 分别为与小桥进口形式有关的侧收缩系数和流速系数，其经验值列于表 7-2。

表 7-2　小桥的侧收缩系数 ε 和流速系数 φ

小桥进口形式	侧收缩系数 ε	流速系数 φ
单孔有锥坡填土	0.90	0.90
单孔有八字翼墙	0.85	0.90
多孔或无锥坡填土、或桥台伸出锥坡之外	0.80	0.85
拱脚浸水的拱桥	0.75	0.80

7.5.3　小桥孔径的水力计算原则

在小桥孔径的设计中，一般应遵循安全和经济两个原则。安全原则是指在通过设计流量 Q 时，一是应保证桥下不发生冲刷，即要求桥下流速 v 不超过桥下铺砌材料或河床土壤的不冲刷允许流速 v'；二是应保证桥梁及桥头路堤不发生淹没，即要求桥前壅水水位 H 不超过由路肩标高及桥梁梁底标高决定的允许壅水水位 H'。经济原则是指在交通土建工程中，尤其是山区、丘陵地区的铁路公路，由于小桥涵洞的建造较多，为了降低成本和便于快速设计、快速施工，小桥孔径通常要求选用标准孔径 B。

7.5.4　小桥孔径的水力计算方法

小桥孔径设计，一般可从允许流速 v' 出发计算小桥孔径 b，然后选取标准孔径 B，最后校核

桥前壅水水位 H;也可从桥前允许壅水水位 H' 出发计算小桥孔径 b,然后选取标准孔径 B,最后校核桥孔流速 v。总之,在设计中,应综合考虑 v'、B 和 H' 三个因素。

以下以矩形河道断面的小桥孔径水力计算为例,说明从允许流速 v' 出发进行设计的计算方法和步骤。

1. 计算桥孔临界水深 h_c

由于小桥过流的淹没标准是 $h \geqslant 1.3h_c$,因此,必须首先建立 v' 与 h_c 的关系。

设桥孔宽度为 b,由于侧收缩影响,桥孔过流有效宽度实为 εb,故桥孔临界水深

$$h_c = \sqrt[3]{\frac{\alpha Q^2}{g(\varepsilon b)^2}} \tag{7-17}$$

当以允许流速 v' 出发进行设计时,考虑到自由式过流时桥下水深 $h_1 = \psi h_c$,则根据恒定总流的连续性方程可得桥下过流断面的流量 $Q = v'\varepsilon b\psi h_c$,将其代入式(7-17),有

$$h_c = \frac{\alpha\psi^2 v'^2}{g} \tag{7-18}$$

顺便说明,将宽顶堰流量公式 $Q = m\varepsilon b\sqrt{2g}H_0^{1.5}$ 代入式(7-17),可得桥孔临界水深 h_c 与桥前壅水水头 H_0 的关系

$$h_c = \sqrt[3]{2\alpha m^2}H_0 \tag{7-19}$$

当取 $\alpha = 1.0$ m $= 0.34$ 时,由式(7-19)可得 $h_c = 0.614H_0 \approx \frac{0.8}{1.3}H_0$,由此可见,小桥过流的淹没标准 $h \geqslant 1.3h_c$ 与宽顶堰溢流的淹没标准 $\Delta = h \geqslant 0.8H_0$ 是一致的。

2. 计算小桥孔径 b

将桥下游水深 h 与 $1.3h_c$ 进行比较,判别桥孔过流形式是自由式还是淹没式,然后根据不同的过流形式计算小桥孔径 b。

在桥孔断面应用恒定总流的连续性方程 $Q = v'\varepsilon b h_1$,可得

$$b = \frac{Q}{v'\varepsilon h_1} = \begin{cases} \dfrac{Q}{v'\varepsilon\psi h_c}, & \text{自由式} \\[2mm] \dfrac{Q}{v'\varepsilon h}, & \text{淹没式} \end{cases} \tag{7-20}$$

3. 选取标准孔径 B

实际工程设计中常采用标准孔径 $B(\geqslant b)$。现行铁路、公路桥梁的标准孔径一般有 4 m、5 m、6 m、8 m、10 m、12 m、16 m、20 m 等多种可供选取。

4. 校核桥前壅水水位 H

选用标准孔径 B 后,应重新计算与 B 相应的桥孔临界水深

$$h'_c = \sqrt[3]{\frac{\alpha Q^2}{g(\varepsilon B^2)}} \tag{7-21}$$

并将 h 与 $1.3h'_c$ 进行比较,重新判别桥孔过流形式。在桥前壅水断面至桥孔断面间建立恒定总流的伯努利方程,可得桥前壅水水位校核公式

$$H < H_0 = h_1 + \frac{Q^2}{2g\,\varphi^2\,(\varepsilon B h_1)^2}$$

$$= \begin{cases} \psi h_c' + \dfrac{Q^2}{2g\varphi^2(\varepsilon B \psi h_c')^2} \leqslant H', & \text{自由式} \\ h + \dfrac{Q^2}{2g\,\varphi^2(\varepsilon B h)^2} \leqslant H', & \text{淹没式} \end{cases} \qquad (7\text{-}22)$$

关于从桥前允许壅水水位 H' 出发的设计方法,请读者自行分析。

【例 7-2】 试设计一跨越矩形过流断面的小桥孔径 B。已知河道设计流量(根据水文计算得)$Q = 20 \text{ m}^3/\text{s}$,桥前允许壅水水深 $H' = 1.7 \text{ m}$,桥下铺砌允许流速 $v' = 3.5 \text{ m/s}$,桥下游水深 $h = 1.4 \text{ m}$,选定小桥进口形式后知 $\varepsilon = 0.85, \varphi = 0.90, \psi = 0.95$,取动能修正系数 $\alpha = 1.0$。

【解】 从桥下允许流速 v' 出发进行设计。

1) 计算桥孔临界水深,判别桥孔过流形式

由式(7-18),得

$$h_c = \frac{\alpha \psi^2 v'^2}{g} = \frac{1.0 \times 0.95^2 \times 3.5^2}{9.8} = 1.13 \text{ m}$$

因 $1.3 h_c = 1.3 \times 1.13 = 1.47 \text{ m} > h = 1.4 \text{ m}$,故小桥过流形式为自由式。

2) 计算小桥孔径,选取标准孔径

由式(7-20),得

$$b = \frac{Q}{v' \varepsilon \psi h_c} = \frac{20}{3.5 \times 0.85 \times 0.95 \times 1.13} = 6.26 \text{ m}$$

取标准孔径 $B = 8 \text{ m} > b = 6.26 \text{ m}$。

3) 重新判别桥孔过流形式,校核桥前壅水水位

由于选取的标准孔径 $B > b$,原自由式过流可能转变为淹没式过流,利用式(7-21)计算与 B 相应的临界水深

$$h_c' = \sqrt[3]{\frac{\alpha Q^2}{g(\varepsilon B)^2}} = \sqrt[3]{\frac{1.0 \times 20^2}{9.8 \times (0.85 \times 8)^2}} = 0.96 \text{ m}$$

因 $1.3 h_c' = 1.3 \times 0.96 = 1.25 \text{ m} < h = 1.4 \text{ m}$,可见,小桥过流已转变为淹没式。

由式(7-22),得

$$H < H_0 = h + \frac{Q^2}{2g\varphi^2(\varepsilon B h^2)^2} = 1.4 + \frac{20^2}{2 \times 9.8 \times 0.90^2 \times (0.85 \times 8 \times 1.4)^2} = 1.68 \text{ m} \leqslant H'$$

计算结果表明,该桥采用标准孔径 $B = 8 \text{ m}$,对桥下流速和桥前壅水均可满足要求。

习　题

一、单项选择题

1. 某堰厚 $\delta = 0.02 \text{ m}$,堰顶水头 $H = 0.30 \text{ m}$,则根据堰的分类可知,该堰属于(　　)。

A. 薄壁堰　　　　B. 实用堰　　　　C. 宽顶堰　　　　D. 驼峰堰

2. 根据堰的分类可知,宽顶堰的相对堰厚(　　)。

A. $\dfrac{\delta}{H} < 0.67$　　　　B. $0.67 < \dfrac{\delta}{H} < 2.5$　　C. $2.5 < \dfrac{\delta}{H} < 10$　　D. $0 < \dfrac{\delta}{H} < 10$

3. 用三角堰($Q = 1.4H^{2.5}$)量测 $Q = 0.015$ m³/s 的流量,如果读取堰上水头时有 1 mm 的误差,则计算流量的相对误差 $\dfrac{\mathrm{d}Q}{Q} = ($ 　　$)$。

A. 15.3%　　　　B. 1.53%　　　　C. 0.153%　　　　D. 0.0153%

4. 有一堰顶厚度 $\delta = 16$ m 的宽顶堰,堰前水头 $H = 2$ m,若上下游水位及堰高、堰宽均不变,将堰顶厚度 δ 减至 8 m,则堰的过流能力将($ 　　$)。

A. 减小　　　　B. 不变　　　　C. 增大　　　　D. 不确定

5. 若自由式无侧收缩宽顶堰的堰高 p 和堰顶水头 H 不变,则根据宽顶堰溢流的流量公式

$$Q = mb\sqrt{2g}\left[H + \frac{\alpha Q^2}{2gb^2(H + p)^2}\right]^{1.5}$$ 知,($ 　　$)。

A. Q 与 b 为线性关系

B. Q 与 b 为线性关系,而与 m 为非线性关系

C. Q 与 b 为非线性关系,而与 m 为线性关系

D. Q 与 b 和 m 均为非线性关系

二、计算分析题

6. 为了在水工模型试验中量测 $Q = 0.30$ m³/s 的流量,需修建一矩形薄壁堰。要求水头 H 限制在 0.20 m 以下,试设计堰宽 b。

7. 设欲测流量的变化幅度为 3 倍,试求用 90°三角堰或矩形堰测流时的水头变化幅度。假定矩形堰的流量系数 m_0 为常数。

8. 已知直角进口无侧收缩宽顶堰的坎高 $p = p' = 0.50$ m,堰下游水深 $h = 1.12$ m,堰宽 $b = 1.28$ m,当流经该宽顶堰的流量 $Q = 1.67$ m³/s 时,堰顶水头 $H = 0.85$ m,试判断其流动形式(淹没式或自由式)。

9. 已知某直角进口无侧收缩宽顶堰的堰宽 $b = 4.0$ m,坎高 $p = p' = 0.6$ m,堰顶水头 $H = 1.2$ m。试求堰下游水深 h 分别为 0.8 m 和 1.7 m 时,宽顶堰溢流的流量 Q。

10. 试设计一跨越矩形过流断面的小桥孔径 B。已知河道设计流量(据水文计算得)$Q = 30$ m³/s,桥前允许壅水水深 $H' = 1.5$ m,桥下铺砌允许流速 $v' = 3.5$ m/s,桥下游水深 $h = 1.10$ m,选定小桥进口形式后知 $\varepsilon = 0.85$ $\varphi = 0.90$ $\psi = 0.85$,取动能修正系数 $\alpha = 1.0$。

11. 现有一已建成的过流断面为矩形的城市小桥,已知孔径 $B = 8$ m,桥下铺砌允许流速 $v' = 3.5$ m/s,桥前允许壅水水深 $H' = 1.9$ m,桥下游水深 $h = 1.45$ m,$\varepsilon = \varphi = 0.90$,$\psi = 0.85$ $\alpha = 1.0$,试核算该桥能否通过可能最大流量 $Q = 25$ m³/s?

第 8 章 渗 流

本章介绍渗流理论及其工程应用。渗流理论除了广泛应用于油气开采、水利、地质、采矿、给水排水等工程部门外,在市政及建筑工程中的基坑降排水设计、建筑物抗浮设计、城市防洪工程设计以及交通土建工程中的路基降排水、隧道防排水设计和施工围堰设计中,也都会涉及有关渗流问题。

8.1 渗流概述

流体在多孔介质中的流动,称为渗流。渗流中最常见的流体是水,而多孔介质主要是地表以下的土壤或岩层。本章主要介绍流体为水的渗流。

8.1.1 渗流研究的对象

水在土壤或岩层中的状态可分为汽态水、附着水、薄膜水、毛细水和重力水。汽态水以水蒸气形式存在于土壤或岩层孔隙中;附着水和薄膜水均是受水分子力作用而形成的;毛细水是受表面张力作用而保持在土壤孔隙中的水,它可以传递静水压力;重力水是指在重力和动水压强作用下于土壤或岩层孔隙中流动的水。其中,汽态水、附着水、薄膜水和毛细水它们在数量上极少,除某些特殊问题外,一般情况下可不予考虑。而重力水在工程实践中则具有重要意义。作为研究宏观运动的流体力学主要研究重力水在土壤或岩层孔隙中的运动规律。

8.1.2 土的渗流特性

从土力学可知,土壤的结构是由大小不等的各级固体颗粒混合组成的,而土壤的性质对渗流具有很大影响。疏松的土比密实的透水能力大得多;颗粒均匀的土比非均匀的透水能力要小。透水能力可用渗流系数度量,它是表征土壤渗流特性的重要参数。根据土壤的渗透能力可将土壤分类:透水性能不随空间变化的土壤称为均质土壤,否则称为非均质土壤;透水性能与渗流方向无关的土壤称为各向同性土壤,否则称为各向异性土壤。自然界中土壤的构造是十分复杂的,一般为非均质各向异性土壤,但本章仅限于讨论较为简单的均质各向同性土壤。

8.1.3 渗流模型

自然土壤的颗粒在形状和大小上相差悬殊,而颗粒间孔隙形成的通道,在形状、大小和分布上也不规则,因此,要详细研究渗流沿孔隙的流动路径和流速是非常困难的,实际上也无必要。工程中主要关心的是在某一范围内渗流的宏观平均效果,因此通常采用渗流模型而对实际渗流加以简化。所谓渗流模型,即认为渗流是沿其主流方向流动的充满包括土粒骨架在内的整个孔隙介质区域的连续水流。

根据渗流模型的概念,某一微小过流断面面积 ΔA 上的渗流流速 u 与其相应的真实流速 u' 的关系为

$$u = \frac{\Delta Q}{\Delta A} = \frac{\Delta A_{孔}}{\Delta A} \frac{\Delta Q}{\Delta A_{孔}} = mu' \tag{8-1}$$

式中: ΔQ 为通过包括土粒骨架在内的微小过流断面面积 ΔA 的流量; $\Delta A_{孔}$ 为真实过流面积,即孔隙面积; $m = \dfrac{\Delta A_{孔}}{\Delta A}$ 为孔隙率。

采用渗流模型替代实际渗流,可将渗流区域中的水流视为连续介质运动。因此,有关流体运动的各种概念如流线、元流、总流、恒定流与非恒定流、均匀流与非均匀流、急变流与渐变流等仍可适用于渗流。

8.2　渗流基本定律

8.2.1　达西渗流定律

法国工程师达西(H. Darcy)早在 1852—1855 年对砂质土壤的渗透性能进行了大量的实验研究,所用的实验装置如图 8.1 所示。截面积为 A 的竖直圆筒内充填厚度为 l 的砂土,砂层由金属网支托。水由稳压箱经 a 流入圆筒,再经砂层渗透后由 b 流出,其流量由量筒 c 量测。砂层上下两端各装有一测压管以测渗流的水头损失,由于渗流的动能很小,可以忽略不计,故测压管水头差 $H_1 - H_2$ 即为实验砂层段的渗流水头损失 h_w。经大量实验后,达西发现渗流流量 Q 与过流断面面积 A、水力坡度 $J = \dfrac{h_w}{l}$ 成正比,并与土壤性质和流体性质等有关,即

$$Q \propto A \frac{h_w}{l} = AJ$$

引入比例系数 k,则上式可写成

$$Q = kA \frac{h_w}{l} = kAJ$$

$$v = k \frac{h_w}{l} = kJ \tag{8-2}$$

上式即为著名的达西渗流定律。式中: $v = \dfrac{Q}{A}$ 为渗流模型的断面平均流速;比例系数 k 称为渗流系数,与土壤性质和流体性质等有关,其单位为 cm/s 或 m/day。

达西渗流定律也可推广应用于多孔介质中的元流。如图 8.2 所示,处于两个不透水层的有压渗流中的任一元流 ab,在 M 点的水力坡度为 $J = -\dfrac{\mathrm{d}H}{\mathrm{d}s}$,则元流的渗流速度 u 依式(8-2)可

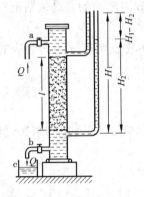

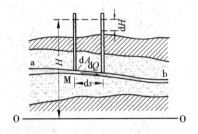

图8.1　达西渗流实验装置　　　　　图8.2　多孔介质的元流

写为

$$u = kJ = -k\frac{\mathrm{d}H}{\mathrm{d}s} \tag{8-3}$$

由达西定律式(8-2)或式(8-3)可知,渗流的水头损失与流速的一次方成正比,故称达西渗流定律为渗流线性定律。从第4章知道,水头损失与流速的一次方成比例,乃是流体作层流运动所遵循的规律,由此可见,达西渗流定律只能适用于层流渗流。实际工程中,大多数渗流问题都属于层流范围,本章仅限于研究符合达西渗流定律的渗流。

8.2.2　杜比公式

达西定律式(8-2)及式(8-3)是对于均匀渗流的断面平均流速或渗流区域内任一点上的渗流流速的计算公式,为了研究实际工程中常见的恒定非均匀渐变渗流的运动规律,尚须建立非均匀渐变渗流的断面平均流速计算公式。

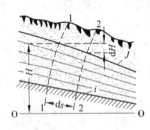

图8.3　非均匀渐变渗流

在如图8.3所示非均匀渐变渗流中,沿底部流线任取相距 $\mathrm{d}s$ 的过流断面1-1和2-2。从第3章知道,渐变流过流断面上的流体动压强近似按流体静压强分布,故过流断面1-1上各点的测压管水头皆为 H,过流断面2-2上各点的测压管水头为 $H + \mathrm{d}H$。由于渐变流过流断面上各点的流线近似为平行直线,故可认为过流断面1-1和2-2近似为相互平行的平面,则非均匀渐变渗流中任一过流断面上各点的水力坡度

$$J = -\frac{\mathrm{d}H}{\mathrm{d}s} \approx 常数$$

根据达西渗流定律可知,非均匀渐变渗流的过流断面上各点的流速 u 相等,当然,断面平均流速 v 也就等于渗流流速 u,即

$$v = u = kJ = -k\frac{\mathrm{d}H}{\mathrm{d}s} \tag{8-4}$$

上式即为著名的杜比公式,是法国学者杜比(J. Dupuit)于1857年首先推导出来的。

8.2.3 渗流系数及其确定方法

渗流系数 k 是达西渗流定律中的重要参数,是反映土壤渗透特性的综合指标,其值的正确与否将直接影响到渗流的计算成果。k 值的大小主要取决于土壤性质(包括土壤种类、土的颗粒大小、形状、分布等)和流体性质(包括流体的类别、温度等),要精确确定其数值是比较困难的。下面简述其确定方法和常见土壤渗流系数的概值。

1. 经验公式法

该方法系根据土壤颗粒的大小、形状、孔隙率和水温等参数所组成的经验公式估算渗流系数 k。这类公式较多,可用作粗略估计,本书不作介绍。

2. 实验室测定法

该方法是在实验室利用类似于如图 8.1 所示的渗流实验装置,并按式(8-2)求得 k。此法较为简单,但难以保证土样的原状性。

3. 现场测定法

该方法是在现场利用钻井或既有井做抽水或灌水实验,然后根据井的产水量公式求得 k。现场测定法能获得较为符合实际的渗流系数值,一般大型工程或特别重要的工程应采用此方法确定 k 值。

作为近似计算时,可采用表 8-1 中的 k 值。

表 8-1 水在土壤中渗流系数 k 的概值　　　　　　　　　　　　（cm/s）

土壤种类	k	土壤种类	k
黏土	6×10^{-6}	亚黏土	$6 \times 10^{-6} \sim 1 \times 10^{-4}$
黄土	$3 \times 10^{-4} \sim 6 \times 10^{-4}$	粉砂	$6 \times 10^{-4} \sim 1 \times 10^{-3}$
细砂	$1 \times 10^{-3} \sim 6 \times 10^{-3}$	中砂	$6 \times 10^{-3} \sim 2 \times 10^{-2}$
粗砂	$2 \times 10^{-2} \sim 6 \times 10^{-2}$	卵石	$1 \times 10^{-1} \sim 6 \times 10^{-1}$

8.3 集水廊道的渗流计算

集水廊道是工程中常用来降低地下水位,排疏土壤渗水的集水建筑物。如铁路、公路工程中,为了提高路基承载力、减小沉降量及防治翻浆冒泥,常常在路基下修建的盲沟;又如基坑工程中,为保证基坑内正常施工,在基坑边壁底部修建的截获基坑外围地下水的排水明沟等。

设有一横断面为矩形的集水廊道,其边墙用透水材料施作,底部位于水平($i = 0$)不透水岩层上,如图 8.4 所示。在廊道边壁建立 xOz 坐标系,则联合应用恒定总流的连续性方程和杜比公式,可得集水廊道单侧单宽渗入的流量方程

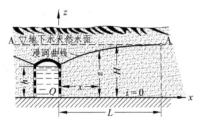

图8.4　集水廊道

$$q = Av = -zk\frac{\mathrm{d}z}{\mathrm{d}s}$$

由于 x 坐标与流向 s 相反, 即 $\mathrm{d}x = -\mathrm{d}s$, 故上式可写为

$$q = zk\frac{\mathrm{d}z}{\mathrm{d}x}$$

将上式分离变量后积分, 并注意: 当 $x = 0$ 时, $z = h$, 得集水廊道浸润曲线(即无压渗流的自由水面线)方程

$$z^2 - h^2 = \frac{2q}{k}x \tag{8-5}$$

从图8.4可知, 地下水位的降落 $H - z$ 随着 x 的增加而减小, 当 $x = L$ 时, 降落值趋近于零, 即该处为天然地下水位不受集水廊道影响的界限, 故称 L 为集水廊道的影响范围。将 $x = L$, $z = H$ 代入式(8-5), 可得集水廊道单侧单宽渗入的流量(或称产水量)

$$q = \frac{k(H^2 - h^2)}{2L} \tag{8-6}$$

8.4　单井的渗流计算

本节讨论的单井主要指工程中的管井, 其下部是滤水管, 地下水可通过滤水管渗入井中。若井底深达不透水岩层, 则称为完全井, 否则称为不完全井。完全井中的水完全由井壁渗入。以下只讨论较为简单的完全井的渗流计算。

8.4.1　潜水井(无压井)

具有自由水面的地下水称为无压地下水或潜水, 在潜水中修凿的井则称为潜水井或无压井, 主要用来汲取无压地下水, 如土建工程中的施工降水大多采用这种井。

图8.5所示为一半径为 r_0 的完全潜水井, 井底位于水平不透水岩层上, 其含水层厚度为 H, 未抽水前地下水的天然水面为 A-A。当从井中抽水, 井中和四周附近地下水位降低, 在含水层中形成以井轴为对称的浸润漏斗曲面。若抽水量恒定, 潜水补给充足, 经过一段时间后, 流向井中的渗流将达到恒定状态, 此时井中水深和浸润漏斗曲面的形状则均保持不变。

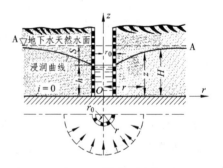

图8.5　潜水无压井

在图8.5所示 rOz 坐标系中, 取半径为 r 并与井同心的圆柱面为过流断面, 其过流面积 $A = 2\pi rz$。设渗流为非均匀渐变流, 则过流断面上各点的水力坡度皆为 $J = -\mathrm{d}z/\mathrm{d}s = \mathrm{d}z/\mathrm{d}r$, 联合应用恒定总流的连续性方程和杜比公式, 可得流经圆柱面的渗流流量方程

$$Q = Av = 2\pi r z k \frac{\mathrm{d}z}{\mathrm{d}r}$$

分离变量并积分

$$Q\int_{r_0}^{r} \frac{\mathrm{d}r}{r} = 2\pi k \int_{h}^{z} z\mathrm{d}z$$

得完全潜水井浸润曲线方程

$$z^2 - h^2 = \frac{Q}{\pi k}\ln\left(\frac{r}{r_0}\right) \tag{8-7}$$

为计算井的产水量 Q，应引入井的影响半径 R 的概念。所谓井的影响半径,是指天然地下水位不受井的抽水影响的最大半径。井的影响半径不易精确确定,在一般初步计算中,可用经验公式估算:

$$R = 3\,000\,S\sqrt{k} \tag{8-8}$$

式中: $S = H - h$ 为井中抽水深度,即天然地下水位最大降深, R、S 均以 m 计;渗流系数 k 以 m/s 计。

将 $r = R$, $z = H$ 代入式(8-7),可得潜水井产水量公式

$$Q = \frac{\pi k(H^2 - h^2)}{\ln\left(\dfrac{R}{r_0}\right)} \tag{8-9}$$

或

$$Q = \frac{2\pi k H S}{\ln\left(\dfrac{R}{r_0}\right)}\left(1 - \frac{S}{2H}\right) \tag{8-10}$$

当 $S/H \ll 1$ 时,上式可简化为

$$Q = \frac{2\pi k H S}{\ln\left(\dfrac{R}{r_0}\right)} \tag{8-11}$$

因测量 S 比测量 h 容易,故式(8-10)比式(8-9)在工程上更具实用性。

【例8-1】 有一平底潜水完全井,已知含水层厚度 $H = 8$ m,含水层的渗流系数 $k = 0.25$ cm/s,井的半径 $r_0 = 0.5$ m,抽水稳定后井中水位降深 $S = 3$ m,试估算井的产水量 Q。

【解】 由式(8-8)得井的影响半径

$$R = 3\,000S\sqrt{k} = 3\,000 \times 3\sqrt{0.002\,5} = 450 \text{ m}$$

代入式(8-10)得井的产水量

$$Q = \frac{2\pi k H S}{\ln\left(\dfrac{R}{r_0}\right)}\left(1 - \frac{S}{2H}\right) = \frac{2 \times 3.14 \times 0.002\,5 \times 8 \times 3}{\ln\left(\dfrac{450}{0.5}\right)}\left(1 - \frac{3}{2 \times 8}\right) = 0.045 \text{ m}^3/\text{s}$$

8.4.2 自流井(承压井)

含水层位于两不透水岩层之间,含水层中的地下水处于承压状态,这样的含水层称为承压层或自流层,由自流层供水的井称为自流井或承压井。

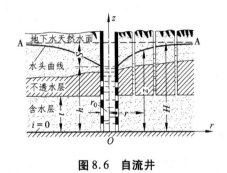

图 8.6 自流井

如图 8.6 所示完全自流井,承压层为一厚度为 t 的水平等厚含水层,凿井穿过上部不透水岩层时,井中水位将升至高度 H(图 8.6 中 A-A 平面)。若从井中抽水,井中水位由 H 降至 h,井外测压管水头线将下降形成轴对称漏斗形降落曲面。

与完全潜水井渗流计算推导类似,取半径为 r 并与井轴同心的圆柱面为过流断面,当井中水深 h 大于含水层厚度 t 时,过流断面面积为 $2\pi rt$,断面上各点的水力坡度为 dz/dr,联合应用恒定总流的连续性方程和杜比公式,可得流经圆柱面的渗流流量方程

$$Q = Av = 2\pi rtk\frac{dz}{dr}$$

分离变量并积分

$$Q\int_{r_0}^{r}\frac{dr}{r} = 2\pi kt\int_{h}^{z}dz$$

得完全自流井测压管水头曲线方程

$$z - h = \frac{Q}{2\pi kt}\ln\left(\frac{r}{r_0}\right) \tag{8-12}$$

同样引入影响半径概念,设 $r = R, z = H$,可得井中水深 $h \geq t$ 时完全自流井的产水量公式

$$Q = \frac{2\pi kt(H - h)}{\ln\left(\frac{R}{r_0}\right)} = \frac{2\pi ktS}{\ln\left(\frac{R}{r_0}\right)} \tag{8-13}$$

当井中水深 $h < t$ 时,完全自流井的产水量公式为

$$Q = \frac{\pi k(2Ht - t^2 - h^2)}{\ln\left(\frac{R}{r_0}\right)} \tag{8-14}$$

请读者自行推证。

【例 8-2】 利用图 8.7 所示完全自流井做抽水试验以确定含水层渗流系数 k。已知井的半径 $r_0 = 100$ mm,含水层厚度 $t = 7.0$ m,在离井中心 $r_1 = 20.0$ m 处钻有一观测井。当抽水至稳定时,测得流量 $Q = 45.6$ L/s,自流井中水位降深 $S = 4.0$ m,观测井中水位降深 $S_1 = 1.5$ m。

【解】 据题意,由式(8-12),有

$$S = \frac{Q}{2\pi kt}\ln\left(\frac{R}{r_0}\right)$$

$$S_1 = \frac{Q}{2\pi kt}\ln\left(\frac{R}{r_1}\right)$$

两式联立,可得

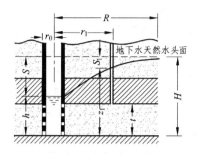

图 8.7 完全自流井

$$\ln R = \frac{S}{S - S_1}\ln\left(\frac{r_1}{r_0}\right) + \ln r_0 = \frac{4.0}{4.0 - 1.5}\ln\left(\frac{20.0}{0.1}\right) + \ln 0.1 = 6.175$$

因此,该自流井的影响半径 $R \approx 480$ m。将其代入式(8-13),可得含水层渗流系数

$$k = \frac{Q}{2\pi t S}\ln\left(\frac{R}{r_0}\right) = \frac{0.035\ 6}{2 \times 3.14 \times 7.0 \times 4.0}\ln\left(\frac{480}{0.1}\right)$$

$$= 0.002\ 2\ \text{m/s}$$

习 题

一、单项选择题

1. 下列各系数中为流速量纲的是(   )。

A. 孔口流速系数 φ　　B. 管嘴流量系数 μ_n　　C. 渠道边坡系数 m　　D. 土壤渗流系数 k

2. 下列关于渗流模型概念的说法中,不正确的为(   )。

A. 渗流模型认为渗流是充满整个多孔介质区域的连续水流

B. 渗流模型的实质在于把实际并不充满全部空间的液体运动,看成是连续空间内的连续介质运动

C. 通过渗流模型的流量必须和实际渗流的流量相等

D. 渗流模型的阻力可以与实际渗流不等,但对于某一确定的过流断面,由渗流模型所得出的动水压力,应当和实际渗流的动水压力相等

3. 流体在(   )中的流动称为渗流。

A. 多孔介质　　　　　B. 地下河道　　　　　C. 集水廊道　　　　　D. 盲沟

4. 渗流力学主要研究(   )在多孔介质中的运动规律。

A. 汽态水　　　　　　B. 毛细水　　　　　　C. 重力水　　　　　　D. 薄膜水

5. 完全潜水井的产水量 Q 与(   )成正比。

A. 渗流系数 k　　　　B. 含水层厚度 H　　　C. 井中水深 h　　　　D. 影响半径 R

二、计算分析题

6. 在实验室中,用图 8.1 所示达西实验装置测定土样的渗流系数 k。已知圆筒直径 $d = 200$ mm,两测压管间距 $l = 400$ mm,两测压管的水头差 $H_1 - H_2 = 200$ mm,测得渗流流量 $Q =$

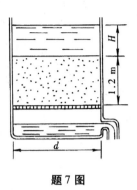

题 7 图

100 mL/min。

7. 已知题 7 图所示圆筒形滤水器的直径 $d = 1\,200$ mm,滤层高 1.2 m,滤料的渗流系数 $k = 0.01$ cm/s,试求 $H = 0.6$ m 时的渗流流量 Q。

8. 为保证位于平底不透水岩层上的建筑基坑内的正常施工,在基坑边壁底部修有长度 $l = 200$ m 的排水明沟以截获基坑外围地下水。已知天然地下水深 $H = 10.0$ m,含水层渗流系数 $k = 0.1$ m/day,明沟排水的影响范围 $L = 100$ m,明沟内水深 $h = 0.2$ m,试求明沟排水流量 Q。

9. 某铁路路堑为了降低地下潜水位,在路堑侧边下水平不透水岩层上埋置集水廊道(也称渗沟)排泄地下水。已知含水层厚度 $H = 3.0$ m,渗沟中水深 $h = 0.3$ m,含水层渗流系数 $k = 0.002\,5$ cm/s,平均水力坡度 $J = \dfrac{H - h}{L} = 0.02$,试计算流入长度 $l = 100$ m 的渗沟单侧流量 Q。

10. 为保证某地铁车站基坑的正常施工,在基坑外沿渗流方向设有相距 $l = 100$ m 的两口观测井以监测降水效果。已知水平不透水岩层(顶面标高为 10.00 m)上的细砂含水层的渗流系数 $k = 7.5$ m/day,若测得 1#观测井中水位为 30.50 m,2#观测井中水位为 23.20 m,试求单宽渗流流量 q。

11. 如题 11 图所示污水砂滤处理实验装置,上游污水池与下游排水池间用一管径 $d = 1\,000$ mm,管内填装两种不同的土壤($k_1 = 0.001$ m/s,$k_2 = 0.003$ m/s)的管道连接,试求当两水池水位差 $\Delta H = 1.2$ m 时的污水处理流量 Q。

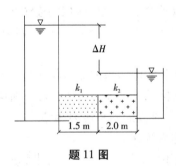

题 11 图

12. 某工地以潜水为给水水源。钻探测知含水层为砂夹卵石,含水层厚度 $H = 6.0$ m,渗流系数 $k = 0.001\,2$ m/s,井的影响半径 $R = 300$ m,试求半径 $r_0 = 150$ mm 的完全井中水位降深 $S = 3.0$ m 时的产水量 Q。

13. 在厚度 $t = 15$ m 的水平承压含水层中凿一半径 $r_0 = 100$ mm 的完全自流井,已知渗流系数 $k = 0.02$ cm/s,井的影响半径 $R = 500$ m,试求抽水量 $Q = 35$ m^3/h 时井中的水位降深 S。

第 9 章　量纲分析与相似理论

本章介绍流体力学实验分析理论及其工程应用。流体力学实验主要有两种,一是具有工程性的模型实验,目的在于预演或重演所研究的实际工程的流动情况;二是具有探索性的系统实验,目的在于寻求未知的流动规律。不论是模型实验还是系统实验,指导实验的理论基础就是量纲分析与相似理论。

9.1　量纲分析基本概念

9.1.1　量纲和单位

量纲表征各物理量的类别,是物理量的本质属性,而单位则表征各物理量数值的大小,是物理量的度量标准。同一物理量可以用不同的单位度量,但只有唯一的量纲。如长度可以用 m、cm、ft 等不同单位度量,所选单位不同,其数值也不同,但作为物理量的属性它只属于长度量纲。量纲可用在物理量前加"dim"来表示,如密度 ρ 的量纲可表示为 $\dim \rho$。

9.1.2　基本量纲和导出量纲

物理量的量纲可分为基本量纲和导出量纲两类。所谓基本量纲,是指无任何联系、彼此相互独立的量纲,否则,称为导出量纲。在不考虑温度影响情况下,流体力学中通常取长度量纲 L、时间量纲 T 和质量量纲 M 作为基本量纲,则其他任何物理量 q 的量纲均可由基本量纲导出,即

$$\dim q = M^{\alpha} L^{\beta} T^{\gamma} \tag{9-1}$$

上式称为量纲公式,其中物理量 q 的性质由量纲指数 α、β、γ 决定。表 9-1 列出了部分流体力学物理量的导出量纲。

表 9-1　部分流体力学物理量的导出量纲

物理量 q	国际单位	导出量纲 $\dim q$	同量纲物理量
密度 ρ	kg/m³	$\dim \rho = ML^{-3}T^{0} = ML^{-3}$	
动力黏度 μ	Pa·s	$\dim \mu = ML^{-1}T^{-1}$	
运动黏度 ν	m²/s	$\dim \nu = M^{0}L^{2}T^{-1} = L^{2}T^{-1}$	
压强 p	Pa	$\dim p = ML^{-1}T^{-2}$	切应力 τ

物理量 q	国际单位	导出量纲 dim q	同量纲物理量
力 F	N	$\dim F = ML^1T^{-2}$	压力 P、惯性力 ma
速度 v	m/s	$\dim v = M^0LT^{-1} = LT^{-1}$	渗流系数 k
加速度 a	m/s^2	$\dim a = M^0LT^{-2} = LT^{-2}$	重力加速度 g
功率 N	N·m/s	$\dim N = ML^2T^{-3}$	

9.1.3　基本物理量和无量纲量

在量纲分析中,把一个物理过程中彼此相互独立的物理量称为基本物理量,其他物理量可由基本物理量导出,则称为导出物理量。基本物理量与导出物理量之间可以组合成无量纲量。所谓无量纲量,是指量纲公式(9-1)中基本量纲指数均为零的量,因此,无量纲量的数值与所采用的单位制无关,故无量纲量也称为无量纲数,例如前述的雷诺数 $Re = \dfrac{\rho vd}{\mu}$、弗劳德数 $Fr = \dfrac{v}{\sqrt{gh}}$、流速系数 φ 等即是。

由于基本物理量是彼此相互独立的,这说明它们之间不能组成无量纲量,由此可以给出基本物理量独立性的判定条件。

设 A、B、C 为 3 个基本物理量,则它们成立的条件是 $A^xB^yC^z$ 的幂乘积不是无量纲量,即

$$(\dim A)^x(\dim B)^y(\dim C)^z = M^0L^0T^0 \tag{9-2}$$

的非零解不存在,也就是说,若 A、B、C 为基本物理量,则式(9-2)不成立。

在流体力学中,一般可任意选择包含几何学、运动学和动力学的 3 个量为基本物理量。例如管径 d、流速 v 和密度 ρ 或水头 H、流量 Q 和压强 p 都可选择作为基本物理量。

9.1.4　物理方程的量纲和谐原理

凡是正确反映自然界客观规律的物理方程,其各项的量纲必定是相同的,这就是物理方程的量纲和谐原理,也称物理方程的量纲一致性原理,它是量纲分析法的理论依据,也是检验已有方程是否合理的重要方法。例如,恒定总流的伯努利方程

$$z_1 + \frac{p_1}{\rho g} + \frac{\alpha_1 v_1^2}{2g} = z_2 + \frac{p_2}{\rho g} + \frac{\alpha_2 v_2^2}{2g} + h_w$$

式中各项均为长度量纲 L;又如,流体静力学基本公式

$$p = p_0 + \rho gh$$

各项的量纲均为 $ML^{-1}T^{-2}$。

尚须指出,在工程界至今还有一些仍在使用的由实验和观测资料整理的纯经验公式不满足量纲和谐。例如至今仍在水利界普遍采用的曼宁公式 $v = \dfrac{1}{n}R^{2/3}J^{1/2}$,就是一个在量纲上不

和谐的公式。在应用量纲不和谐的纯经验公式时,必须注意物理量规定的单位,式中的水力半径 R 的单位必须是 m,而流速 v 的单位必须是 m/s。随着学科的发展,这类量纲不和谐的纯经验公式,必将逐步被修正或被量纲和谐的新公式所代替。

9.2　量纲分析

基于量纲和谐原理的量纲分析方法有瑞利(L. Rayleigh)法和布金汉(Buckingham)π 定理两种,前者适用于较为简单的问题,后者则为更具普遍性的方法。

9.2.1　瑞利法

瑞利法的基本思想是:假定某个物理现象中的任一物理量与其他各物理量之间的关系呈指数形式的乘积组合。

以下通过实例说明瑞利量纲分析法的应用步骤。

【例 9-1】　由实验观测得知,管流流态变化的临界流速 v_c 与管径 d、流体密度 ρ 及动力黏度 μ 等有关,试用瑞利量纲分析法建立表达临界流速 v_c 的公式结构。

【解】　假定 v_c 与其他各物理量之间的关系呈指数形式的乘积组合,即

$$v_c = k\rho^\alpha d^\beta \mu^\gamma$$

这里 k 为无量纲系数。将上式写成量纲方程

$$\dim v_c = \dim(k\,\rho^\alpha d^\beta \mu^\gamma) = \dim(\rho)^\alpha \dim(d)^\beta \dim(\mu)^\gamma$$

以基本量纲(M,L,T)表示式中各物理量量纲,有

$$LT^{-1} = (ML^{-3})^\alpha (L)^\beta (ML^{-1}T^{-1})^\gamma$$

由物理方程的量纲和谐原理可知,等式两端同名量纲的指数应相等,即

$$M:\quad 0 = \alpha + \gamma$$
$$L:\quad 1 = -3\alpha + \beta - \gamma$$
$$T:\quad -1 = -\gamma$$

解此三元一次方程组,得 $\alpha = -1, \beta = -1, \gamma = 1$,故表达临界流速 v_c 的公式结构为

$$v_c = k\frac{\mu}{\rho d}$$

式中,无量纲系数 $k = \dfrac{\rho v_c d}{\mu} = Re_c$ 为第 4 章阐述的临界雷诺数,由实验确定。

从例 9-1 求解过程可知,确定未知指数的方程数必与基本量纲的选取数相同。在流体力学中,基本量纲一般选取 M、L、T 三个,因此,在应用瑞利量纲分析法时,若物理量个数 n 大于 4 时,将会出现待定指数问题。为解决待定指数选取上的困难,可采用布金汉提出的更具普遍性的 π 定理量纲分析法。

9.2.2　π 定理

π 定理的基本思想是:对于某个物理现象,如果存在 n 个变量且互为函数关系

$$F(q_1, q_2, q_3, \cdots, q_n) = 0$$

而在这些变量中含有 m 个基本物理量,则该物理现象可由这些变量组合成 $(n-m)$ 个无量纲 π 数所表达的函数关系

$$\varphi(\pi_1, \pi_2, \pi_3, \cdots, \pi_{n-m}) = 0$$

来描述(证明略)。

以下仍用实例说明 π 定理量纲分析法的应用步骤。

【例9-2】 由实验及分析得知,黏性流体绕桥墩的阻力 F_D 与流体的密度 ρ、动力黏度 μ、来流流速 U 以及桥墩迎水面积 A 等有关,即

$$F_D = F(\rho, \mu, U, A)$$

试用 π 定理建立表达阻力 F_D 的公式结构。

【解】 选取 ρ、A、U 为基本物理量,根据 π 定理,可以组合成 $n-m = 5-3 = 2$ 个无量纲 π 数,使原函数关系式变成无量纲方程

$$\pi_1 = \varphi(\pi_2)$$

其中,

$$\pi_1 = \rho^{\alpha_1} A^{\beta_1} U^{\gamma_1} F_D$$

$$\pi_2 = \rho^{\alpha_2} A^{\beta_2} U^{\gamma_2} \mu$$

确定 π_1、π_2 中基本物理量的指数,使其成为无量纲量。对于 π_1,有

$$M^0 L^0 T^0 = (ML^{-3})^{\alpha_1} L^{2\beta_1} (LT^{-1})^{\gamma_1} MLT^{-2}$$

$$M: \quad 0 = \alpha_1 + 1$$

$$L: \quad 0 = -3\alpha_1 + 2\beta_1 + \gamma_1 + 1$$

$$T: \quad 0 = -\gamma_1 - 2$$

解得 $\alpha_1 = -1, \beta_1 = -1, \gamma_1 = -2$,即 $\pi_1 = \dfrac{F_D}{\rho A U^2}$。同理,可得 $\pi_2 = \dfrac{\mu}{\rho \sqrt{A} \, U}$。

将 π_1、π_2 表达式代入无量纲方程 $\pi_1 = \varphi(\pi_2)$ 得

$$\frac{F_D}{\rho A U^2} = \varphi\left(\frac{\mu}{\rho \sqrt{A} \, U}\right)$$

故绕流阻力公式

$$F_D = \varphi\left(\frac{\mu}{\rho \sqrt{A} \, U}\right) \rho A U^2 = \varphi_1\left(\frac{\rho \sqrt{A} \, U}{\mu}\right) \rho A U^2$$

$$= \varphi_1(Re) \rho A U^2 = C_D \rho A \frac{U^2}{2} \tag{9-3}$$

式中,$C_D = 2\varphi_1(Re) = f(Re)$ 为绕流阻力系数,主要取决于雷诺数 Re,一般由实验确定。

【例9-3】 实验表明,等直径长直管流的壁面切应力 τ_w 与断面平均流速 v、管径 d、壁面粗糙度 Δ、流体密度 ρ 及动力黏度 μ 等有关,试用 π 定理建立 τ_w 的表达式。

【解】 根据题意,有

$$F(\tau_w, \rho, v, d, \mu, \Delta) = 0$$

选择 ρ、v、d 为基本物理量,则可组合成由 $n-m = 6-3 = 3$ 个无量纲 π 数构成的无量纲方

程

$$\varphi(\pi_1,\pi_2,\pi_3) = \varphi(\rho^{\alpha_1}v^{\beta_1}d^{\gamma_1}\tau_w, \rho^{\alpha_2}v^{\beta_2}d^{\gamma_2}\mu, \rho^{\alpha_3}v^{\beta_3}d^{\gamma_3}\Delta) = 0$$

确定 π_1、π_2、π_3 中基本物理量的指数。对 π_1，有

$$M^0 L^0 T^0 = (ML^{-3})^{\alpha_1}(LT^{-1})^{\beta_1}L^{\gamma_1}ML^{-1}T^{-2}$$

$$M：\quad 0 = \alpha_1 + 1$$

$$L：\quad 0 = -3\alpha_1 + \beta_1 + \gamma_1 - 1$$

$$T：\quad 0 = -\beta_1 - 2$$

解得 $\alpha_1 = -1, \beta_1 = -2, \gamma_1 = 0$，则

$$\pi_1 = \frac{\tau_w}{\rho v^2}$$

同理，可得

$$\pi_2 = \frac{\mu}{\rho v d}$$

$$\pi_3 = \frac{\Delta}{d}$$

将 π_1、π_2、π_3 表达式代入无量纲方程，并就 τ_w 解出，得

$$\frac{\tau_w}{\rho v^2} = \varphi_1\left(\frac{\mu}{\rho v d}, \frac{\Delta}{d}\right)$$

或

$$\tau_w = \varphi_1\left(\frac{\mu}{\rho v d}, \frac{\Delta}{d}\right)\rho v^2 = \varphi_2\left(Re, \frac{\Delta}{d}\right)\rho v^2$$

若将 τ_w 的关系式代入前已导出的恒定均匀流基本方程

$$\tau_w = \rho g R J = \rho g \frac{d}{4}\frac{h_f}{l}$$

整理后可得

$$h_f = 8\varphi_2\left(Re, \frac{\Delta}{d}\right)\frac{l}{d}\frac{v^2}{2g} = \lambda \frac{l}{d}\frac{v^2}{2g}$$

上式即为前已阐述的著名的达西公式，式中 $\lambda = 8\varphi_2\left(Re, \frac{\Delta}{d}\right) = f\left(Re, \frac{\Delta}{d}\right)$ 称为沿程阻力系数，一般由实验确定。

从上述几个实例分析可知，量纲分析法给人们提供了求解复杂流动问题的可能性，是研究物理现象的一个重要技术手段。应该指出，量纲分析法存在不能给出流动问题的最终解（系数可通过实验确定），也不能区分方程中有着相同量纲但物理意义不同的量等问题。另外，表征自然现象的物理量选定得正确与否或完善与否，将会直接影响研究结果的正确与全面。因此，要正确使用量纲分析法，要求研究人员必须事先具备一定的流体力学知识和流动现象的感性认识。

9.3 相似理论

利用量纲分析法可以方便地建立所研究问题各物理量的关系式结构,但关系式中的系数尚须由实验确定。实际工程或实体(统称为原型)的尺寸往往较大,直接进行实验将会耗费大量的人力、物力和财力,有时甚至不可能,因此人们常常在将原型缩小若干倍的模型上进行实验,如图9.1所示。相似理论是进行模型实验的基础。将量纲分析与相似理论有机地结合起来,可以指导研究人员合理地组织实验,整理实验结果,并有根据地将模型实验结果推广于原型。

图9.1　将原型缩小若干倍的模型(图片摘自于网络)

9.3.1　流动相似的概念

为了能将模型实验结果应用于原型,模型与原型应保证流动相似,即两个流动的对应点上的同名物理量(如流速、压强、各种力)具有同一的比例关系,这就要求模型与原型之间应具有几何相似、运动相似和动力相似,模型与原型的定解条件(包括初始条件和边界条件)也应保持一致。

为便于流动相似概念的阐述,现以 λ_q 表示原型与模型对应物理量的比例,称为比尺,即

$$\lambda_q = \frac{q_\mathrm{p}}{q_\mathrm{m}} \tag{9-4}$$

这里的足标 p 和 m 分别表示原型(prototype)和模型(model)。

1. 几何相似

几何相似是指模型与原型的几何形状相似(如图9.2),即模型与原型中所对应的线性尺

度成同一比例。若以 l 表示某一线性尺度,则根据比尺定义,有线性比尺

$$\lambda_l = \frac{l_p}{l_m} \tag{9-5}$$

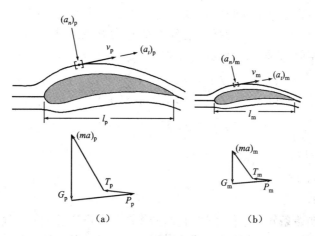

图 9.2　流动相似

(a)原型;(b)模型

由于面积 A 和体积 V 分别是两个线性尺度和三个线性尺度的乘积,故相应的面积比尺和体积比尺分别为

$$\lambda_A = \frac{A_p}{A_m} = \frac{l_p^2}{l_m^2} = \lambda_l^2 \tag{9-6}$$

$$\lambda_V = \frac{V_p}{V_m} = \frac{l_p^3}{l_m^3} = \lambda_l^3 \tag{9-7}$$

严格地讲,几何相似时模型与原型表面的粗糙度也应满足线性比尺 λ_l,但实际中往往只能近似地做到。

2. 运动相似

运动相似是指模型与原型的速度场相似(如图 9.2),即模型与原型所对应点的速度方向相同、大小成同一比例。

根据比尺定义,有速度比尺

$$\lambda_u = \frac{u_p}{u_m} \tag{9-8}$$

由于模型与原型各相应点的速度成同一的比例,所以相应断面的平均速度有相同的比尺,即

$$\lambda_v = \frac{v_p}{v_m} = \frac{u_p}{u_m} = \lambda_u \tag{9-9}$$

考虑加速度 a 与速度 u、线性尺度 l、时间 t 等的关系,不难导出加速度比尺

$$\lambda_a = \frac{a_p}{a_m} = \frac{u_p/t_p}{u_m/t_m} = \frac{u_p^2/l_p}{u_m^2/l_m} = \lambda_u^2/\lambda_l = \lambda_v^2/\lambda_l \tag{9-10}$$

3. 动力相似

动力相似是指模型与原型的受力相似,即模型与原型所对应的同名力方向相同、大小成同一比例,或者说模型与原型由作用力(包括重力 G、压力 P、黏性力 T 等)和惯性力($-ma$)组成的力的封闭多边形相似,如图9.2所示。根据比尺定义,有

$$\frac{(G)_p}{(G)_m} = \frac{(P)_p}{(P)_m} = \frac{(T)_p}{(T)_m} = \frac{(\sum F)_p}{(\sum F)_m} = \frac{(ma)_p}{(ma)_m}$$

或

$$\lambda_G = \lambda_P = \lambda_T = \lambda_{\sum F} = \lambda_{ma} \tag{9-11}$$

式中, $\lambda_{\sum F} = \dfrac{(\sum F)_p}{(\sum F)_m}$ 为合力比尺。

4. 定解条件相似

定解条件包括初始条件和边界条件,它们的相似是保证流动相似的充分条件。

对于非恒定流问题,初始条件是必须的,但对于恒定流问题,初始条件则失去实际意义。

边界条件在一般情况下,可分为几何的、运动的和动力的等几方面,如固壁边界上的法向流速为零,自由液面边界上的压强为大气压强等。

9.3.2 相似准则

实际上,流动相似所包含的几何相似、运动相似和动力相似三者是相互联系的。几何相似是运动相似和动力相似的前提与依据,动力相似是决定运动相似的主导因素,而运动相似则是几何相似和动力相似的表现。

相似的本质是两个物理现象必可用同一物理方程所描述。因此,为保证模型与原型的流动相似,描述其流动现象的物理方程中的各物理量的比尺应符合一定的约束关系,这种约束关系通常称为相似准则。

为便于各相似准则的推导,先考虑流体质量 $m = \rho V$ 和加速度比尺 $\lambda_a = \lambda_v^2/\lambda_l$,将惯性力比尺用基本比尺表达为

$$\lambda_{ma} = \frac{(ma)_p}{(ma)_m} = \frac{(\rho V a)_p}{(\rho V a)_m} = \lambda_\rho \lambda_l^3 \lambda_a = \lambda_\rho \lambda_l^2 \lambda_u^2 = \lambda_\rho \lambda_l^2 \lambda_v^2 \tag{9-12}$$

式中, $\lambda_\rho = \rho_p/\rho_m$ 为密度比尺。

1. 雷诺准则

雷诺准则系保证作用在模型与原型上的黏性阻力相似。根据牛顿内摩擦定律,可导得黏性力比尺为

$$\lambda_T = \frac{T_p}{T_m} = \frac{\left(\mu \dfrac{du}{dy} A\right)_p}{\left(\mu \dfrac{du}{dy} A\right)_m} = \lambda_\mu \lambda_v \lambda_l = \lambda_\rho \lambda_\nu \lambda_v \lambda_l$$

式中, $\lambda_\mu = \mu_p/\mu_m$ 为动力黏度比尺; $\lambda_\nu = \nu_p/\nu_m = \lambda_\mu/\lambda_\rho$ 为运动黏度比尺。将黏性力比尺 λ_T 和惯性力比尺 λ_{ma} 代入式(9-11), 化简可得物理量比尺关系

$$\frac{\lambda_v \lambda_l}{\lambda_\nu} = 1 \tag{9-13}$$

上式也可写成

$$\left(\frac{vl}{\nu}\right)_p = \left(\frac{vl}{\nu}\right)_m \quad 或 (Re)_p = (Re)_m \tag{9-14}$$

这里无量纲量 $Re = \dfrac{vl}{\nu}$ 即前面所阐述的雷诺数, 它表征了流体流动的惯性力与黏性力之比。上式说明, 模型与原型流动的黏性力相似时, 其相应的雷诺数相等, 这就是雷诺准则。

2. 弗劳德准则

弗劳德准则是保证作用在模型与原型上的重力相似。将重力比尺

$$\lambda_G = \frac{G_p}{G_m} = \frac{(\rho g V)_p}{(\rho g V)_m} = \lambda_\rho \lambda_g \lambda_l^3$$

和惯性力比尺 λ_{ma} 代入式(9-11), 化简可得物理量比尺关系

$$\frac{\lambda_v}{\sqrt{\lambda_g \lambda_l}} = 1 \tag{9-15}$$

或写成

$$\left(\frac{v}{\sqrt{gl}}\right)_p = \left(\frac{v}{\sqrt{gl}}\right)_m \quad 或 (Fr)_p = (Fr)_m \tag{9-16}$$

这里 $Fr = \dfrac{v}{\sqrt{gl}}$ 即为前面所阐述的弗劳德数, 它表征了流体流动的惯性力与重力之比。上式说明, 模型与原型流动的重力相似时, 其相应的弗劳德数相等, 这就是弗劳德准则。

3. 欧拉准则

欧拉准则是保证作用在模型与原型上的压力相似。将压力比尺

$$\lambda_P = \frac{P_p}{P_m} = \frac{(pA)_p}{(pA)_m} = \lambda_p \lambda_l^2$$

和惯性力比尺 λ_{ma} 代入式(9-11), 化简可得物理量比尺关系

$$\frac{\lambda_p}{\lambda_\rho \lambda_v^2} = 1 \tag{9-17}$$

或写成

$$\left(\frac{p}{\rho v^2}\right)_p = \left(\frac{p}{\rho v^2}\right)_m \quad 或 (Eu)_p = (Eu)_m \tag{9-18}$$

这里 $Eu = \dfrac{p}{\rho v^2}$ 称为欧拉数, 它表征了流体流动的压力与惯性力之比。上式说明, 模型与原型流动的压力相似时, 其相应的欧拉数相等, 这就是欧拉准则。

在多数流动中, 对流动起作用的往往是两个计算点的压强差 Δp, 而不是压强的绝对值, 欧

拉数中常以 Δp 代替 p，即

$$Eu = \frac{\Delta p}{\rho v^2}$$

以上讨论了流体力学中常用的相似准则。仿此推导方法，不难导得其他作用力的相似准则，本书不再赘述。

【例9-4】 密度为 ρ 的流体在水平等直径长直管道中做恒定流动。已知 λ（沿程阻力系数）、d（管径）和 v（流速），试推导相距 l 的两过流断面间的压强差 $\Delta p = p_1 - p_2$ 的计算式，并由此导出流动相似的模型率（即相似准则）。

【解】 在相距 l 的两过流断面间建立恒定总流的伯努利方程

$$z_1 + \frac{p_1}{\rho g} + \frac{\alpha_1 v_1^2}{2g} = z_2 + \frac{p_2}{\rho g} + \frac{\alpha_2 v_2^2}{2g} + \lambda \frac{l}{d} \frac{v^2}{2g}$$

由题意可知，式中 $z_1 = z_2$，$\alpha_1 = \alpha_2$，$v_1 = v_2 = v$，故得两过流断面间的压强差

$$\Delta p = p_1 - p_2 = \lambda \frac{l}{d} \frac{\rho v^2}{2}$$

因模型和原型流动的相似必可用同一物理方程来描述，故有

$$\frac{(\Delta p)_{\mathrm{p}}}{(\Delta p)_{\mathrm{m}}} = \frac{\left(\lambda \dfrac{l}{d} \dfrac{\rho v^2}{2}\right)_{\mathrm{p}}}{\left(\lambda \dfrac{l}{d} \dfrac{\rho v^2}{2}\right)_{\mathrm{m}}}$$

或

$$\frac{\left(\dfrac{\Delta p}{\rho v^2}\right)_{\mathrm{p}}}{\left(\dfrac{\Delta p}{\rho v^2}\right)_{\mathrm{m}}} = \frac{\left(\lambda \dfrac{l}{2d}\right)_{\mathrm{p}}}{\left(\lambda \dfrac{l}{2d}\right)_{\mathrm{m}}}$$

写成比尺关系为

$$\frac{\lambda_{\Delta p}}{\lambda_\rho \lambda_v^2} = 1$$

即流动相似的模型率为欧拉准则。

从上面分析可知，对于恒定有压管流，欧拉数 $Eu = \dfrac{\Delta p}{\rho v^2} = \lambda \dfrac{l}{2d} = f\left(Re, \dfrac{\Delta}{d}, \dfrac{l}{d}\right)$，因此，当流动处于层流区、层紊流过渡区、紊流光滑区、紊流过渡区时，按几何相似和黏性力相似进行模型实验设计，就可保证压力相似；当流动处于紊流粗糙区时，流动阻力与雷诺数无关（通常称为自模区），则可只按几何相似进行模型实验设计。

一般情况，当雷诺准则、弗劳德准则得到满足，欧拉准则可自行满足。因此，雷诺准则、弗劳德准则通常称为独立准则，而欧拉准则则称为导出准则。

9.4　模型实验设计

9.4.1　模型率的选择

从理论上讲,流动相似应同时满足与物理现象相关的所有相似准则,但实际上要同时满足各相似准则是很困难的。如若同时考虑黏性力和阻力相似,则根据雷诺准则和弗劳德准则,可得速度比尺

$$\lambda_v = \frac{\lambda_\nu}{\lambda_l} = \sqrt{\lambda_g \lambda_l}$$

通常取重力加速度比尺 $\lambda_g = 1$,代入上式,整理得约束方程

$$\lambda_\nu = \lambda_l^{3/2} \tag{9-19}$$

当模型和原型为同一流体时,运动黏度比尺 $\lambda_\nu = 1$,代入式(9-19)得 $\lambda_l = 1$,即模型不能缩放,则失去了模型实验的价值;当模型和原型为不同种类流体时,则如按式(9-19)选择模型流体,往往又难以实现。

从上述分析可见,要想同时满足全部作用力相似是很困难的,一般只能保证对流动起主要作用的力相似。例如,对于有压管流及潜体绕流等,只要流动的雷诺数不是太大,通常认为黏性力起主要作用,而选择雷诺准则设计模型;但当雷诺数大到进入自模区后,只须保持几何相似,阻力相似将自行满足。对于明渠流、堰流、闸孔出流及桥渡过流等,通常认为重力起主要作用,而选择弗劳德准则设计模型。

9.4.2　模型设计

进行模型设计,通常是先根据实验场地、研究经费、模型制作和量测条件等定出线性比尺 λ_l,并以选定的 λ_l 缩小原型的几何尺寸,得出模型流动的几何边界,然后选择模型流体,最后按所选用的模型率(相似准则)确定模型物理量。

【例 9-5】　为研究风对高层建筑物的影响,在风洞中进行模型实验。当风速 $v_p = 8$ m/s 时,测得建筑物迎、背风面形心点处的压强差 $\Delta p_p = 62$ N/m²。试求温度保持不变,风速增至 $v_m = 12$ m/s 时,建筑物迎、背风面形心点处的压强差 Δp_m。

【解】　本模型实验应满足欧拉准则,因实验流体及温度不变,密度比尺 $\lambda_\rho = 1$。由欧拉准则 $\dfrac{\lambda_{\Delta p}}{\lambda_\rho \lambda_v^2} = 1$,得

$$\lambda_{\Delta p} = \frac{\Delta p_p}{\Delta p_m} = \lambda_\rho \lambda_v^2 = \lambda_v^2$$

故

$$\Delta p_m = \frac{\Delta p_p}{\lambda_v^2} = \frac{\Delta p_p}{(v_p/v_m)^2} = \frac{62}{(8/12)^2} = 139.5 \text{ N/m}^2$$

【例 9-6】　为进行某跨河桥渡模型实验设计如图 9.3,已知原型两桥台的距离 $B_p = 90$ m,

其间设置一长为 $l_p = 24$ m,宽 $b_p = 4.3$ m 的圆端形桥墩,桥下水深 $h_p = 8.2$ m,河流平均速度 $v_p = 2.3$ m/s。若取线性比尺 $\lambda_l = 50$,试确定模型的几何尺寸和模型流量。

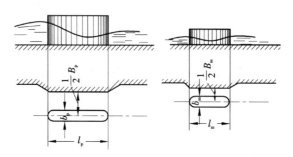

图9.3

【解】 (1)由给定线性比尺 $\lambda_l = 50$,计算模型各几何尺寸。

桥墩长 $$l_m = \frac{l_p}{\lambda_l} = \frac{24}{50} = 0.48 \text{ m}$$

桥墩宽 $$b_m = \frac{b_p}{\lambda_l} = \frac{4.3}{50} = 0.086 \text{ m}$$

桥台间距 $$B_m = \frac{B_p}{\lambda_l} = \frac{90}{50} = 1.8 \text{ m}$$

桥下水深 $$h_m = \frac{h_p}{\lambda_l} = \frac{8.2}{50} = 0.164 \text{ m}$$

(2)按弗劳德准则,确定模型流速及流量。

由弗劳德准则 $\dfrac{\lambda_v}{\sqrt{\lambda_g \lambda_l}} = 1$,得流速比尺 $\lambda_v = \sqrt{\lambda_g \lambda_l} = \sqrt{\lambda_l}$,故流速

$$v_m = \frac{v_p}{\sqrt{\lambda_l}} = \frac{2.3}{\sqrt{50}} = 0.325 \text{ m/s}$$

流量 $$Q_m = \frac{v_p A_p}{\lambda_v \lambda_A} = \frac{v_p(B_p - b_p)h_p}{\lambda_l^{2.5}} = \frac{2.3 \times (90 - 4.3) \times 8.2}{50^{2.5}} = 0.0914 \text{ m}^3/\text{s}$$

习　题

一、单项选择题

1. 下列各组物理量中,属于同一量纲的是( )。

A. 密度、运动黏度、动力黏度　　　　　B. 流速系数、流量系数、渗流系数

C. 压强、压力、切应力　　　　　　　　D. 管径、水深、水头损失

2. 下列各组合量中,不属于无量纲量的是( )。

A. $\dfrac{p}{\rho v^2}$　$\dfrac{v}{\sqrt{gh}}$　$\dfrac{\rho ud}{\mu}$　　B. $\dfrac{\tau_w}{\rho v^2}$　$\dfrac{F}{ma}$　$\dfrac{vd}{\nu}$　　C. $\dfrac{p}{\rho gh}$　$\dfrac{Q}{b\sqrt{gh^3}}$　$\dfrac{\mu}{\rho ud}$　　D. $\dfrac{p}{\rho gv^2}$　$\dfrac{v^2}{\sqrt{gh}}$　$\dfrac{\rho ud}{\nu}$

3. 下列各组物理量中,不能选作基本物理量的是(　　)。

A. 密度 ρ、流速 v、管径 d　　　　　　　　B. 力 F、流量 Q、过流断面面积 A

C. 流速 v、流量 Q、水深 h　　　　　　　　D. 压强 p、流速 v、管径 d

4. 已知压力输水管模型实验的线性比尺 $\lambda_l = 8$,若原型和模型采用同一流体,则其流量比尺 λ_Q 和压强比尺 λ_p 分别为(　　)。

A. 8, $\dfrac{1}{64}$　　　　　B. 16, $\dfrac{1}{32}$　　　　　C. 32, $\dfrac{1}{16}$　　　　　D. 64, $\dfrac{1}{8}$

5. 当流动的压强差由重力所造成,即 $\Delta p = \rho g \Delta h$ 时,只要按(　　)进行模型实验设计,欧拉准则就可自动满足。

A. 黏性力相似　　　B. 重力相似　　　C. 表面张力相似　　　D. 弹性力相似

6. 弗劳德数的物理意义在于它反映了(　　)之比。

A. 黏性力与惯性力　　B. 惯性力与重力　　C. 压力与重力　　D. 重力与黏性力

二、计算分析题

7. 已知水泵的输出功率 N_e 与流体的容重 ρg(这里 ρ 为液体密度,g 为重力加速度)、水泵的流量 Q 及扬程 H 等有关,试用瑞利法建立输出功率 N_e 的公式结构。

8. 由实验知道,孔口出流速度 v 与液体密度 ρ、重力加速度 g、液体动力黏度 μ、孔口作用水头 H 及孔径 d 等有关,试用 π 定理推导孔口出流速度 v。

9. 用线性比尺 $\lambda_l = 20$ 的模型研究水流对桥墩的影响。若测得模型流速 $v_m = 0.5$ m/s 时,墩前驻点波高 $\Delta h_m = 1.5$ cm,试求原型中的相应流速 v_p 及波高 Δh_p。

10. 用石料进行某城市堆石防波堤模型实验。已知模型石料每块重 $G_m = 10$ N,当浪高 $h_m = 30$ cm 时防波堤破坏。若原型中防波堤欲承受波高 $h_p = 6$ m,试求每块石料的最小重量 G_p。

11. 若测得题 9 的模型桥墩所受水流冲击力 $F_m = 10$ N,试求原型桥墩所受水流冲击力 F_p。

12. 用水管模拟输油管道。已知输油管直径为 500 mm,管长为 100 m,输油量为 100 L/s,油的运动黏度为 1.5×10^{-4} m²/s;水管直径为 25 mm,水的运动黏度为 1.01×10^{-6} m²/s。试求模型管道的长度及模型流量。

13. 利用风洞模型实验研究汽车的空气动力特性,如题 13 图所示。已知汽车高 $h_p = 1.5$ m,设计行车速度 $v_p = 108$ km/h。当风洞风速 $v_m = 45$ m/s 时,测得模型汽车所受的空气阻力 $F_m = 14.7$ N,试求相应于设计行车速度的原型汽车所受的空气阻力 F_p。

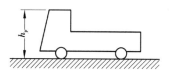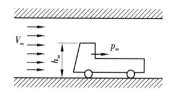

题 13 图

14. 试证明对于阻力相似的明渠流动,粗糙系数比尺 λ_n 与线性比尺 λ_l 的关系为

$$\lambda_n = \lambda_l^{1/6}。$$

15. 为研究某铁路盖板箱涵无压过流的水力特征,拟取线性比尺 $\lambda_l = 20$ 进行水工模型实验。已知原型涵洞的宽度 $b_p = 3.5 \text{ m}$,高度 $H_p = 4.2 \text{ m}$,洞内设计水深 $h_p = 2.5 \text{ m}$ 和设计流速 $v_p = 2.0 \text{ m/s}$ 。试确定模型的几何尺寸和模型流量。

习题答案

第 1 章

1. C

2. B

3. D

4. A

5. C

6. A

7. $\mathrm{d}p = 2.2 \times 10^3$ kPa

8. $\mathrm{d}V = 0.067\,9$ m^3

9. $\mathrm{d}\mu/\mu = 3.5\%$

10. $f_x = f_y = 0$, $f_z = -g$

第 2 章

1. B

2. A

3. D

4. A

5. A

6. A

7. A

8. D

9. $p_0' = 93.1$ kPa, $p_0 = -4.9$ kPa

10. $p_v = 9.8$ kPa, $h_v = 1$ m

11. $p_0 = 2\,058$ Pa, $\rho = 875$ kg/m^3

12. $F_A = 7\,020$ N

13. （略）

14. $T = 84.8$ kN

15. $x = 1.80$ m

16. $P = 29.93$ kN

17. （略）

18. $P = 62\,764.8$ N

19. $P_z = \dfrac{\rho g \pi R^2 (H + R/3)}{N}$

20. $P_z = 2.94 \times 10^6$ kN

第3章

1. D

2. B

3. C

4. A

5. A

6. D

7. D

8. B

9. D

10. A

11. $v_1 = 0.02$ m/s

12. $Q_1 = 50.3$ L/s,　$Q_3 = 89.7$ L/s

13. $Q = 102$ L/s

14. $A \to B, h_w = 4.765$ m

15. $p_B = 162.88$ kPa,　$h_w = 3.78$ m

16. $Q = 51.2$ L/s

17. $Q = 1.5$ m^3/s

18. $Q = 6.0$ m^3/s

19. $F = 462$ N

20. $Q_1 = \dfrac{\sin\theta}{1 + \sin\theta}Q$,　$Q_2 = \dfrac{1}{1 + \sin\theta}Q$,　$F = \rho Q v\left(1 - \dfrac{\cos\theta}{1 + \sin\theta}\right) = \rho Q v\left[1 - \dfrac{\sqrt{1 - \left(\dfrac{Q_1}{Q_2}\right)^2}}{1 + \dfrac{Q_1}{Q_2}}\right]$

21. $F = 384.2$ kN

22. $F = 5.11$ kN

第4章

1. B

2. C

3. B

4. A

5. C

6. C

7. D

8. D

9. C

10. A

11. $Re = 7\,888 > 2\,300$,紊流

12. $d > 24.6$ mm

13. $h_f = 0.68$ m

14. $\tau_0 = 0.37$ N/m^2

15. $\nu = 5.14 \times 10^{-5}$ m^2/s, $\mu = 4.626 \times 10^{-2}$ Pa · s

16. $Q = 84.8$ L/s(采用柯列勃洛克公式)

17. $v = 1.42$ m/s, $Q = 4.46$ m^3/s

18. $v = \dfrac{v_1 + v_2}{2} h_m$, $h_{m\,min} = \dfrac{(v_1 - v_2)^2}{4g}$, $\dfrac{h_{m\,min}}{h_m} = \dfrac{1}{2}$

19. $\xi = 0.5$

20. $Q = 2.15$ L/s

21. $\zeta = 0.76$

22. $F_D = 6\,912$ N

第5章

1. A

2. B

3. C

4. B

5. D

6. B

7. D

8. A

9. $H_2 = 1.896$ m, $Q_1 = Q_2 = 3.6$ L/s

10. $\Delta H = 0.57$ m

11. $Q = 58.4$ L/s

12. $d = 300$ mm, $H = 0.7$ m

13. $H = 9.81$ m

14. $Q_1 = 29.69$ L/s, $Q_2 = 50.3$ L/s, $h_{fAB} = 17.80$ m

15. $h_{fAD} = 107.02$

16. $H = 73.3$ m, $N_x = 6.59$ kW

第 6 章

1. B

2. C

3. D

4. D

5. C

6. C

7. C

8. C

9. B

10. B

11. $Q = 0.466$ m³/s

12. $h_0 = 0.7$ m

13. $b = 0.51$ m, $h_0 = 0.62$ m

14. $b = 4.15$ m, $h_0 = 0.42$ m

15. $i = 5.9 \times 10^{-3}$

16. $v = 1.44$ m/s, $Q = 0.91$ m³/s

17. $i = 0.010\ 4$

18. $h_k = 0.615$ m, $i_k = 0.006\ 96$

19. $Q = 63.3$ m³/s

20. $i_k = 0.004\ 93 > i$,均匀流为缓流

第 7 章

1. A

2. C

3. B

4. B

5. A

6. $b = 1.77$ m

7. 三角堰:1.56, 矩形堰:2.08

8. 自由式过流

9. $h = 0.8$ m, $Q = 8.96$ m³/s, $h = 1.7$ m, $Q = 8.33$ m³/s

10. $B = 16$ m

11. $v = 2.39$ m/s $< v'$, $H < H_0 = 1.81$ m $< H'$,可安全宣泄题设流量

第8章

1. D

2. D

3. A

4. C

5. A

6. $k = 0.010\ 6$ cm/s

7. $Q = 0.61$ m^3/h

8. $Q = 10.0$ m^3/day

9. $Q = 0.297$ m^3/h

10. $q = 9.23$ m^3/day · m

11. $Q = 1.57$ m^3/h

12. $Q = 0.013\ 4$ m^3/s

13. $S = 0.44$ m

第9章

1. D

2. D

3. C

4. A

5. B

6. B

7. $N_e = k\rho g H Q$

8. $v = f(Re, \dfrac{d}{H}) \sqrt{2gH} = \varphi \sqrt{2gH}$

9. $v_p = 2.24$ m/s,　$\Delta h_p = 30$ cm

10. $G_p = 80$ kN

11. $F_p = 80$ kN

12. $l_m = 5$ m,　$Q_m = 33.67 \times 10^{-3}$ m^3/s

13. $F_p = 14.7$ kN

14.（略）

15. $b_m = 0.175$ m,　$H_m = 0.21$ m,　$h_m = 0.125$ m,　$Q_m = 9.78$ L/s

参 考 文 献

[1]　西南交通大学水力学教研室.水力学[M].3版.北京:高等教育出版社,1983.
[2]　禹华谦.工程流体力学[M].3版.北京:高等教育出版社,2017.
[3]　黄儒钦.水力学教程[M].3版.成都:西南交通大学出版社,2006.
[4]　禹华谦.工程流体力学(水力学)[M].4版.成都:西南交通大学出版社,2018.
[5]　刘鹤年.流体力学[M].北京:中国建筑工业出版社,2001.
[6]　毛根海.应用流体力学[M].北京:高等教育出版社,2006.
[7]　董曾南,余常昭.水力学[M].4版.北京:高等教育出版社,1995.
[8]　吴持恭.水力学[M].5版.北京:高等教育出版社,2016.
[9]　闻德苏.工程流体力学(水力学)[M].2版.北京:高等教育出版社,2004.
[10]　Francis J R D,Minton P. Civil Engineering Hydraulics[M]. London:Edward Arnold Ltd, 1984.
[11]　禹华谦.工程流体力学新型习题集[M].2版.天津:天津大学出版社,2008.